# ACTIVE
# EVOLUTION

# 主动进化

## 未 曾 设 想 的 进 化 之 路

黄震宇　韩非　著

上海交通大学出版社
SHANGHAI JIAO TONG UNIVERSITY PRESS

## 内容提要

数万年来，人类经过自然进化和基因-文化协同演化，大大提高了生活质量与文明水平，但自然进化速度已趋于放缓。本书系统地追踪多学科的前沿成果，独创性地提出在基因科技与人工智能技术（AI）跃迁式发展的大背景下，人类应当有意识地通过主动进化（AE），来克服基因-文化协同演化的缓慢性。本书以"大历史"观的视角对人类世界的物质束缚、繁殖与寿命极限等诸多问题进行解读，并分别从有机物合成、神经解码、脑部离体供养与微循环系统设计、沟通与学习革命等方面，探讨了人类未来百年可能的进化方向，尤其论述了 AI 与人类合作的前景。本书是一本思考人类应如何主动进化的读物，希望让读者拥有放眼现在、盯紧未来的视角，以饱览"壮丽恢宏，生命如是之观"。

## 图书在版编目（CIP）数据

主动进化：未曾设想的进化之路／黄震宇，韩非著
. —上海：上海交通大学出版社，2023.3
ISBN 978－7－313－25599－0

Ⅰ．①主… Ⅱ．①黄… ②韩… Ⅲ．①生物—进化
Ⅳ．①Q11

中国国家版本馆 CIP 数据核字（2023）第 037913 号

## 主动进化
ZHUDONG JINHUA
未曾设想的进化之路
WEICENG SHEXIANG DE JINHUA ZHI LU

著　　者：黄震宇　韩　非
出版发行：上海交通大学出版社　　　　　地　　址：上海市番禺路 951 号
邮政编码：200030　　　　　　　　　　电　　话：021-64071208
印　　制：上海盛通时代印刷有限公司　　经　　销：全国新华书店
开　　本：880mm×1230mm　1/32　　　印　　张：7.625
字　　数：140 千字
版　　次：2023 年 3 月第 1 版　　　　　印　　次：2023 年 3 月第 1 次印刷
书　　号：ISBN 978－7－313－25599－0
定　　价：68.00 元

# 序

黄震宇

正如爱默生所言：我们长期以来的想法和感受，有一天将会被某个陌生人一语道破！创作本书的灵感来自一部曾经热播的剧集，这部剧中充满超现实的故事情节，这让我多年思考的一个问题再次浮现：人类是否也有可能过上神仙一般的生活？为了实现这个目的，我们是否需要主动进化？

如果放在以前，这只能是一个美好愿景。但是现在，科技的奇点已经来临，人类在超级计算、AI、生命科学等方面的快速进步，已经使我们有可能实现这样的愿景。某种意义上，人类通过脑机结合技术，几乎可以模拟出任何想象和想要感受的世界。

著名的物理学家霍金先生在去世前曾经预言：如果人类在未来的 200 年间，还不能在外星球找到新的居住地，那么前途堪忧！试想一下，人类背负着 20 万年前进化而来的现代智人的原始躯壳，怎样才能离开地球这个温室？如何出走太阳系？

在这 5 年里,我思考了很多关于人类主动进化的问题,我想把大家关心最多的问题做一个朴实的交流。

第一,我们是否有必要进化?

有些朋友的想法是,人类已经足够高级了,甚至可能是由神秘力量或某种外星生命创造出来的。这里我想说一下我的观点:人类就是自然进化的产物,并且有很多先天的缺陷。比如说气管跟食管是相连的,这会使我们进食的时候容易窒息。为什么我们消耗的是化学能而不是电能?为什么我们体内不可以储存氧气,而其他的哺乳动物是可以的(比如鲸鱼)?为什么其他大部分哺乳动物都是横着行走的,唯独人类是直立行走的?这就导致人类在怀孕时处于一个非常不稳定的状态,这是人类直立行走,解放双手并支持大脑重量的进化代价。此外,我们只能适应地球的环境,无法在太阳系的其他空间中生存。这些都说明人类是从自然中进化而来的,并非是"设计"的产物。如果我们是被超级生命"设计"的,或者我们有机会重新"设计"我们自身,方案肯定比现状要好上数倍。

第二,我们是否具备进化的条件?

近年来,人工智能技术飞速发展,为实现主动进化提供了很好的条件。人工智能已经在很多领域有了技术突破,在医学上的应用也逐渐增多,比如对大脑神经的解码已有初步进展——目前已经有很多直接用大脑控制机器的尝试。此外,关于脑机结合的实验与相关的新材料也在增多,我认为人类主动进化的自身条件已经基本具备。如果在人类主动进化这件事上投入更多的资源与更多的技术,我相信不久的将来就可以实现突破。

第三,进化以后我们还是人类吗?我们还有感情吗?

关于这一点中的第一个问题,我觉得要以发展的眼光来思考:道德观念其实不是一成不变的,它会随着科技与时代的进步而改变。同样地,我们不能用现在的眼光来看待未来的事物,因为更加适应未来环境,且具备自我设计能力才是智慧生物发展的方向。

关于这一点中的第二个问题,答案是肯定的,我们设想一下:人类主动进化的第一步应该是"硬件"的改变(比如现在在高原缺氧地区,搬运重物时使用的外加机械骨骼),大部分技术会改进感官系统和能量供给系统,不涉及大脑结构的改变,因此进化以后,人类的感情仍然存在。

第四,人类进化与科技发展是否匹配?

人类从单细胞生物自然进化到现在这个样子,用了 35 亿年。算近一点,我们与 1 万年前的祖先相比,在原始能力方面都基本没有改变。人类进化与科技发展在很长一段时间里是处于一种平衡状态的。可自从计算机出现,人类的科技爆发式地发展。计算机才诞生了不到 100年,就已经在很多领域做到了人类无法做到的事。硅基智能系统的能力快速迭代,一日千里!可以说人类已经非常依赖机器智能了,现状几乎不可逆转！就像我们每天离不开手机，回不到没有手机的日子了。但是，机器智能一旦能掌握自我设计的能力，那人类可能就难以控制它们了。有朋友会说，机器智能的总开关在人类手里。别忘了，机器智能足够高级的时候，其内在的控制系统是会"思考"的。机器智能是设计的产物，人类是自然进化的产物，两者发展的速度根本不在一个维度。所以，大家需要思考一下，如果人类不进化自身，未来是否还有能力驾驭机器智能？

为了适应地球不断变化的气候条件，为了有更多能力探索外星球，为了更好地驾驭科技发展，为了更好地推动构建人类命运共同体，本书从为什么要主动进化，如何实现主动进化，以及主动进化后可能带来的变化等方面，做了一些还不够成熟的思考，希望能够给大家带来一些对未来的启发。

非常感谢韩非老师协助完成此书的创作，也感谢湫耘兄和捷仔为了本书在幕后默默地付出。

谨以此书献给所有热爱人类未来的朋友们！

# 前　言

　　我们在审视周遭飞速变化的"事实"时,如果对人类以及人类身心演化的历史规律缺乏认知,对科学发展的底层规律不够清晰,那么就会像站错了队伍,排队进了电影院,在虚无缥缈之上讨论缥缈虚无的畅想。学术界一直有着关于"人类是否仍在演化"的讨论,也有大量相关的科学论文发表,而这些不太为普通人所能掌握。那么,这就是我们要写作这样一本科普读物的契机和目的了:为好奇的人们登高远望提供坚实的台阶,然后让台阶搭建得尽量高些,从而可以让人们看得更远,细细感受、评价那些真实世界的"风声"。

　　因此,在本书的第一部分即引入了"主动进化"的思想,并在第1章具体回答"人类的进化是否正在加速"这个关键性问题。接下来,本书聚焦人类身体以及人类社会依然存在的,依靠传统、缓慢的自然进化难以解决的重大难题,诸如长寿的新需求和新希望,并提出跨物种合作以及人机合作的必要性与可行性。第二部分为主动进化的技术路线,但在此之前,需要用一章回顾一下人类智能发展的历史。真

1

实的历史会让我们站在准确的位置上,承前启后。然后,我们探讨了神经解码、供养体系解码、脑部供养、有机物合成、微循环系统重新设计等一系列有趣且重要的问题。有了这一部分的爬梳和准备,我们就有信心可以搭建出"坚实的、向上思考的台阶"。于是,第三部分畅想了人类未来社会的可能性,诸如走出外部物质因素的束缚、迎来一场沟通的新革命、革新人类学习的方式,最终以全新的、人机结合的姿态,去探索更加广阔无垠的太空。

在写作风格上,我们遵循社会建构主义(social constructivism)的基本原理,即知识是建构的,每一块建构所需的材料都经过了独特视角下的筛选。有的材料我们弃而不用,有的观点我们不敢苟同,有的论据我们倍加珍惜,然后我们组织、我们建造、我们构想,最终生成了这一本凝聚了 3 年多的时间精力,融合了"n 次"详细推敲长谈的精华,得到了"n+1 次"斧正斟酌的书。希望您对我们建构的"台阶"的坚实度和高度还算满意。

如果您在阅读本书的过程中碰撞出了思想的火花,有了新的感悟和见解,欢迎您发送邮件到作者的官方邮箱(1223528554@ qq. com)进行交流,我们期待收到您的宝贵意见!

# 目　录

1

# 引子　人类会迎来一场终极进化吗？

"不靠好运眷顾，也不靠命运安排。"

——拉丁谚语

"所以当你明天早晨在粥中倒入牛奶或蜂蜜时，要想到正是你的欧洲祖先发起了一场文化和 DNA 的革命，你才能享用这样一份美味的早餐，祝你有个好胃口。"

——亚当·拉瑟福德(Adam Rutherford)，《我们人类的基因》

现在请允许我开始讲述一个关于进化的故事。

我之前收到出版社寄来的一本新书，书的主题是人类演化的故事。作者戴维·赖克(David Reich)鼎鼎有名，是哈佛大学遗传学系的教授、霍华德·休斯医学研究所的研究员，而且是全球一流的古DNA 研究专家。据我所知，国内至少有两位研究古 DNA 的青年研究员，都曾经在他的实验室做过博士后工作。赖克的这本书讲的是人类过去的故事，亦即人类走到今天都发生了哪些重要的变化。这个故事常讲常新，早先他的老师卢卡·卡瓦利-斯福扎（Luca Cavalli-Sforza）也讲过。这些最优秀的科学家通过考古学、语言学、历史学和遗传学的发现告诉我们，人类确实有一个非常宏大、壮丽的过去，人类能够演化成今天这个样子是有原因的，最重要的是，人类的演化从来没有停止过。

换句话说，人类并不永远为"人"。这么说有两种解读。

第一，每个人都将迎来死亡，所以人不可能永远为人，终有一天会归于虚无。在关于死亡的现代医学标准被确立之前，判定死亡多以失去呼吸和脉搏为准。英国政治哲学家埃德蒙·柏克（Edmund Burke）创办过一本《年度纪事》（Annual Register）杂志，其中描写了这样一种死亡的判定："根据验尸官的报告，这个孩子的死因是被猫偷走了呼吸。"但以停止呼吸来判定死亡被认为不够严谨。中国先秦著作记载了名医扁鹊令虢国太子死而复生的故事——这种死亡观念可能催生了中国的"停灵"等丧葬制度。现代医学发现，脑死亡后的患者也可能重新出现角膜反射、咳嗽反射与自发呼吸。迄今为止，美国、法国都有过患者脑死亡，但仍具有呼吸的案例，这是对1968年美国哈佛大学医学院特设委员会关于"死亡为不可逆的昏迷或脑死亡"的严肃挑战。更进一步，对超人类主义者（Transhumanism）来说，即使脑死亡与失去呼吸也不是真正的"死亡"。他们选择把"身体"（而不是尸

2

体)保存在零下196摄氏度的液氮罐中,等待未来技术成熟时苏醒。截至2019年,已经有数位中国人选择这么做,杜红只冷冻了头颅;展文莲是在国内接受灌流冷冻手术的第一人,刘爱慧是第二人,她们的"身体"被以头朝下的方式保存在容积为2 000升的液氮罐内。这类手术的费用为7万~18万元人民币(不包括每次加液氮的5万元);美国的阿尔科生命延续基金(Alcor Life Extension Foundation)收费较高,全身冷冻需20万美元。必须要说,请警惕一些商业公司的企业软文,它们夸大了技术的可能性,并可能诱导读者。这跟其他超人类主义者不同,后者对人体冷冻后复苏的笃信度显然超过了那些以此营利的企业家。

然而,自然状态下人类死亡的结局一般是腐烂与分解。这一过程有多快,取决于死亡时间、当地气候、微生物种类以及尸体是摆放在水泥地上还是在水底或者背阴处。根据美国田纳西大学刑侦人类学研究所(业界人称"尸体农场""尸骸森林")的报告,在雨水充沛的夏季,尸体放在土地上不到两周就成了一具白骨,而藏在树荫下则保存得基本完好。我们并不是超人类主义者,我们认为自然死亡将带走"人类"的定义,遗留下来的是"尸体",而不再是"身体"。

人类并不永远为"人"的第二层意思是说,人类并不从一开始就是智人(Homo Sapiens)的。人类的祖先起源于360万年前的南方古猿("正在形成中的人")。然而,我们并不是"露西奶奶"(最早发现

3

的南方古猿阿尔法种化石)的唯一后代,南方古猿演化出了匠人和能人,匠人演化出直立人,其中海德堡人又演化出了尼安德特人和现代智人。区分这些"人"的标准除了显著的基因组差异,还有会不会使用石器工具、大脑容量的差异以及群体社会关系够不够复杂等。曾经有很长的时间,古人类学家认为尼安德特人与智人无法生育后代,但事实上你我身上可能还有少量尼安德特人基因,而且这些基因还有活动,会影响我们的脂质代谢、认知功能等。除此之外,另一种古人类——丹尼索瓦人也跟智人相遇,并且繁育过后代,他们把耐严寒和稀氧的基因遗传给了一部分人类。但是,我们并不是尼安德特人或丹尼索瓦人的后代,我们只是智人的后代,是唯一存活于世的现代人类。可是我们跟数万年前的人类相比,还是有很大的不同。青铜器、铁器、蒸汽机和计算机这些工具的出现,一次次重塑了人类。青铜器和铁器带来了农业革命,改变了人类的膳食结构,扩展了能量来源,进而改变了人类的基因组。通过基因组比照可知,人类消化乳糖的 *LCT* 基因,就是在 2 500~3 000 年前产奶动物被大量驯化时变异而来的。在大迁徙中,11 个决定肤色和发色的基因适应着不同的当地环境,最后演化成了今天金发白肤的西欧人、红发白肤的北欧人、黑发黄肤的亚洲人等。这些都是基因-文化协同演化(gene-culture co-evolution)的范例。因此,一个有价值的问题是:当下正在蓬勃发展的人工智能(AI)与基因编辑工具会不会引发更大规模的基因-文化协同演化?

那么,未来的人类将继续向何处演化?

有一个教科书式的简单答案,叫作随环境变化而变。我们对这个答案不满意,因为今非昔比,环境往何处变的操控权一定程度上掌握在人类自己手里。因此,我们尝试提出一个全新的答案:人类演化将沿一条新的道路进行,即不再是基于缺陷的自然进化,而是以最优设计为导向的主动进化。解释这句话前,我们要首先予以肯定,经过数百万年"进化之石"的磨砺,人类基因组已经高度适应了地球环境。正因为如此,人类是全世界分布最广泛的哺乳动物。托人类的福,伴人扩散的老鼠通过躲在海洋贸易船的船舱里遍布全球,成为全世界分布第二广泛的哺乳动物。可以说,人类复杂又精密的生理系统的适应性极高。以人体味觉受体,也就是能感受酸、甜、苦、咸、鲜等味觉的通道蛋白为例,科学家发现它们不止存在于舌尖,还遍布于上呼吸道、胃、肝脏、胰腺、结肠、膀胱、尿道、乳腺、骨骼、心脏和大脑,因此,说"心里苦"或"脑海一片苦楚"都可能是实情。但以更高的标准看,人类的生理系统其实"漏洞百出"。

以大脑为例,它不能永远"年轻",参与神经元可塑性的蛋白会逐渐被阻遏、"锁住"。公平地说,这其实是权衡的结果,因为蛋白工作时大量产生的自由基分子会对脑组织造成伤害。在阿尔茨海默病(Alzheimer's disease,AD)的患者大脑的联合皮层区,神经元终身具有可塑性,原因就是本兢兢业业的神经网络早早崩解了,残余的网络也因缺乏一种关键的硫酸软骨素蛋白聚糖而效用不佳。很明显,人类想要的并不是"最糟糕的情况下最好的结果",而是"最优设计"。在"最优设计"下,大脑不应该像现在一样受到躯体的"拖累"。学术界认为单一器官的寿命可能是无限的,然而一旦跟其他躯体组合便有了极限,而且也很难兼具长寿和健康。也就是说,在人类的生理寿命极限到达前,躯体和大脑都已严重衰老。更多时候,大脑先于躯体发生严重退化,使人患上阿尔茨海默病等神经退行性疾病。德国波恩大学的迈克尔·海尼卡(Michael Heneka)教授发现,从小鼠身上敲除 *NLRP3* 基因,可以显著减少 β-淀粉样蛋白的沉积,从而大大减轻患阿尔茨海默病的小鼠的症状。那么,用"基因剪刀"剪掉人类基因组上的 *NLRP3* 同源基因,是不是可以一劳永逸地摆脱阿尔茨海默病?这是一条路子。虽然当下医学伦理要求不能轻易向人类基因组"动刀",但这个方向是值得人类继续摸索下去的。换言之,未来人类可能要对基因组进行一次"大清扫",尝试摆脱遗传学规律的操控。

我们不妨大胆预测,远在这些终极目标到来之前,人类社会便会迎来种种影响深远的变革。我们的这部书,即围绕着关于这个终极目标的科学想象而展开。尤其重要的是,AI 技术的进一步发展,使得一定程度上的人机结合是有可能实现的。也就是说,过去是把坏掉的四肢和内脏换掉,取而代之以义肢和人工肾脏、人工肝脏、人工心脏。在遥远的未来,可能把大脑从身体这一"供养系统"里抽离出来,换装在微循环供养系统里,由泵、加热器和人工血液为它提供营养、氧气,处理代谢废物。同时,更加发达的脑机接口技术捕捉着脑电波(EEG),并把信号传输给机器设备……回到开篇的那句拉丁谚语:不靠好运眷顾,也不靠命运安排。实际上这句话可以再加一句:自己升级自己,自由地塑造自己的新生活。

第一部分

# 人类的下一站：主动进化

# 第1章 人类的进化是否正在加速？

"自然选择不能创造完美，它只会淘汰那些不幸在适应度上显然不如其他个体的个体。"

——哈佛大学进化学教授丹尼尔·E.利伯曼

(Daniel E. Lieberman)

## 自然演化的悖论：保护者 vs 毁灭者

伊恩·莫里斯(Ian Morris)在一本书中描述了美国陆军上校哈里·萨默斯(Harry Summers)与一位越南上校的一场对话。1975年，萨默斯作为美国派往越南的代表团成员来到河内，一名越南民主共和国的上校在机场接他。两个人的聊天话题很快转到那场战争上。

萨默斯表示："你看，你们从未在战场上击败过我们。"

越南上校回答："可能是这样吧，那又有什么关系呢？"

这里，我们可以这样理解，越南民主共和国没有在战场上取得决定性的胜利,但他们打乱了美国侵略者的部署,使得后者不能维持有效的非法占领。公元2世纪60年代,日耳曼人在边境挑起了与古罗马人的争端。罗马正规军团的战斗力虽然很强,但依然很难应付那些躲在丛林中的日耳曼人。最终,罗马人的解决办法之一是焚烧自己人的村庄,然后将村民迁居他地。在罗马皇帝马克·奥勒留的坟墓立柱上镌刻着这样的画面:古罗马军团的士兵强制性迁走村民,然后一把火烧掉村庄。如此一来,不论何种战争,战场以外的破坏都造成了秩序的崩解;而秩序,是对一切生命有机体最重要的价值之一。

尊敬的读者,也许你需要在这里停留1分钟,思考这其中的有意思之处。类似地,我们人类的大脑也是一个极富秩序的"帝国",但同样面临失序、系统退化或彻底崩解的风险,这会破坏健康,造成寿命的严重损耗。我们的免疫系统有时候会像"帝国"的"罗马军团"一样,"为了保护村民而烧毁自己人的村庄"。

一个有意思的工业设计事实是,你的笔记本电脑所搭载的硬盘寿命很长。普通机械硬盘的使用寿命为3万小时左右,连续开机可运行3年多,正常使用6~7年没有问题。然而,正如你所经历的,很少有人的笔记本电脑在使用6~7年后依然保持性能完好。类似地,人类的心脏虽然可持续跳动30亿次以上,但实际上心脏所配套的血管等附属物会提前出现问题。比如,胆固醇等代谢废物积聚在破损的动脉血管壁内侧伤口处,进而堵塞血管,最终导致一颗"设计寿命"可达几百岁的心脏,在 73 岁或 84 岁便随着整体一起"报废"。

　　人类的大脑也面临着类似的窘境。小胶质细胞是广泛存在于大脑中的一种免疫细胞,可吞噬其他神经元细胞。此前,研究人员发现这种本应该发挥"罗马军团"防御工作的细胞,在一些严重的神经疾病,如精神分裂症、孤独症、抑郁症患者的大脑中过度活跃。例如,一种 Hoxb8 谱系小胶质细胞功能异常的小鼠表现出过度的修饰行为(grooming behavior),如梳理毛发等,类似于人类的病态强迫症行为。研究人员推测这种小胶质细胞的功能异常与焦虑感相关,其活跃的位置与病情症状的严重程度相关。这是一个值得深入研究的课题。小胶质细胞作为正常免疫细胞的一种,过度活跃竟然还会起到如此之大的破坏作用。

　　事实上,其他免疫细胞(另一支"罗马军团"),如 T 细胞也有类似的破坏作用。

　　在哺乳动物的侧脑室下区和海马体齿状回,存在着可转换成新生神经元的神经干细胞。为了便于理解,你可以把这些干细胞想象成可供统治者招募的佣兵。比如,两汉时期的丹阳郡聚集了许多战斗力超强的募兵。徐州的陶谦是丹阳郡人,他的精兵就来自丹阳;公孙瓒的白马义从、曹操的虎豹骑、袁绍的大戟士、吕布的陷阵营、刘备的白毦兵、西汉李陵应战匈奴的精兵,以及东吴诸葛恪抗曹魏、岑莹抗西晋所凭借的都是"丹阳兵"。丹阳当地盛产铜铁矿,居民天生有当兵的潜质,又习惯私铸武器,所以很容易民转兵,而且是丹阳精兵。类似地,侧脑室下区的微环境中,栖息着包括室管膜细胞、少突胶质细胞、小胶质细胞等各类神经细胞,当然最关键的神经干细胞也在侧脑室下区蛰伏,等待增殖和分化的指令。

然而,安妮·布鲁内特(Anne Brunet)发现在衰老的大脑内部,竟然存在着相对于年轻的大脑内部高达 16 倍的 T 细胞。意思是,这些源自血液的免疫细胞以一种未明的机制突破了血脑屏障,向新生神经元的诞生地——侧脑室下区集中,然后释放出杀灭干细胞的 γ 干扰素。如此一来,"丹阳郡"被破坏,"丹阳兵"的募集机制从根本上被削弱,最终"帝国"的统治便不可避免地走向退化甚至崩解。归根结底,我们可以说神经系统被其所配套的免疫系统拖了后腿,也可以说大脑的血脑屏障功能还是不够发达,还可以进一步演化。这是一个关键性的结论,故再次强调。

让我们再次借用历史学的思维理解这个原理。游牧民族在迁徙、疾病和粮食减少的连续打击之下,通过几个世纪的"建设性"战争建立起来的复杂税收和贸易体系开始瓦解。西汉时期,鉴于税收的减少和边防开支的增加,一些官员建议,最明智的方案就是停止为边疆的军队发放军饷。他们认为,既然西部边疆已经在羌人叛乱和入侵之下被破坏得千疮百孔,那么再让军队在那里自筹粮饷,情况又能坏到哪里去呢? 反正那些地方离都城还远得很。事实上,情况变得更加糟糕。士兵们摇身一变成为匪徒,开始抢劫那些他们本应该保护的农民;将领们变成了军阀,只接受合乎他们心意的命令。

通过上述案例,我们发现系统性风险似乎就隐藏在其自身的制度之中。请允许我继续援引伊恩·莫里斯的分析,他认为战争在越过一个顶点之后便弊大于利,或者说成本大于回报,这是由时代局限性所决定的。在古罗马,奥古斯都在遗嘱中写下"帝国应当维持现有的疆界"这句话,他的继任者们大多遵循了他的遗愿。只有克劳狄乌斯打破了这一规矩,他于公元 43 年入侵不列颠;而随后,图密善在公元 1 世纪 80 年代结束了不列颠战役。在公元 101 年之后,图拉真进一步违背了奥古斯都的遗愿,他发兵占领了今天的罗马尼亚和伊拉克的大部分地区。然而,当哈德良在公元 117 年继承帝位时,第一件事就是放弃很多新占领的地盘。在中国,汉朝的皇帝也采取了类似的策略。公元前 130—前 100 年,汉朝的军队狂飙猛进,不断扩张版图。在公元前 100 年之后,汉朝廷开始觉得在战争中投入那么多人力、财力实在得不偿失。军队离黄河和长江越远,其耗费就会越高,而带来的利益反而越少。在经历了公元 23—25 年的内战之后,汉朝的扩张基本上停止了。

回到人类的大脑,被突破血脑屏障涌入的 T 细胞所释放的 γ 干扰素影响的神经元细胞也有"问题"。本·W. 杜尔肯（Ben W. Dulken）的研究团队发现,许多神经元细胞的表面就表达着 γ 干扰素的受体,而且这些受体的数量随着年龄的增长而增加,结果就造成它们对 γ 干扰素越来越敏感。因此我们再次印证了这样的结论:"系统性风险似乎就隐藏在其自身的制度之中"。

## 演化的迟滞性

演化的迟滞性(hysteresis)有时可以用来解释自然演化留给我们的系统性风险。我们接下来再解答一个很具体的趣味问题:为什么人类男性容易中年发福?换句话说,自然演化的迟滞性究竟是如何让我们"大腹便便""伤痕累累"的?

所谓演化的迟滞性,是指环境改变对人类造成的选择压力一般需要多代的时间,才能促使生物体形状发生明显改变,亦即人类的身心设计实际上是更早的环境的产物。换句话说,人体并不是适应当下环境的"最优设计产品",总有这样或那样的缺陷。对此,看过自己体检报告的中老年人可能深有体会。可以将人体看成一台机器,当人们收到这台机器的年检报告书时,往往心惊胆战。比如,脂肪肝与某些癌症如胰腺癌、甲状腺癌等有质的不同,后者有的属于运气不好,基因组发生了致病突变,而现代医学研究表明脂肪肝多半是"自找"的。当一个人摄入过多碳水化合物和油脂、熬夜、抽烟或大量饮酒时,脂肪肝就会自然而然地出现——一瓶可乐会在体内转变成脂肪,而脂肪代谢都经由肝脏。肝脏运转顺利的话,脂肪全部分解,终产物为二氧化碳(从呼吸道排出)和水(从尿道和汗腺排出去)。肝脏运转不顺利时,比如从血管源源不断运来由肠道系统吸收的脂肪,肝脏就会"爆仓"。即使增加人手(谷丙转氨酶、谷草转氨酶、γ-谷氨酰转肽酶),可能也无济于事。最后,运不出去的脂肪滞留在肝脏细胞里,慢慢荼毒其成为"脂肪肝细胞",拥堵在血管里;甚至连肝脏都进不去的胆固醇等,就窝藏在血管的破损处,慢慢形成动脉栓塞。

美国路易斯安那州立大学的团队的研究显示,正常情况下肝脏内部主要有两个"安全信使分子",一个是磷脂,另一个是 Adropin 蛋白。两者在脂肪大量涌进肝脏时会向大脑报信,提醒应减少或立刻停止进食。然而,内脏脂肪会干扰这些通信。一旦细胞脂肪化,就会有微小 RNA 信使释放到血液中,它们抵达远处的内脏器官,干扰那里的脂质代谢。结果,人体愈来愈肥胖,一堆代谢综合征接踵而来。

\* \* \*

人类为什么会胖?

看一下与我们亲缘关系最近的灵长目动物。黑猩猩、倭黑猩猩的体脂率都很低,动物园员工和在非洲做田野调查的专家都会告诉你这一事实。我们生活在 1 万 ~7 万年前狩猎-采集时代的智人祖先呢? 他们的身材很可能也很苗条。虽然种种证据表明,他们也会患关节炎或心脏病,但几乎都没有胖子。实际上,人类群体里大量出现胖子的历史,很可能不过几千年。在今天的商业大片里,经常会有一个胖子演员负责插科打诨,但你翻开古希腊希罗多德的历史著作或者我国先秦至汉初时期诸子百家的文章,却很难发现有胖子出现。

事情的转折,可以从一个基因讲起。

让我们把目光暂时聚焦到 20 世纪太平洋西南部的巴布亚新几内亚土著身上,这些人迄今仍然过着男人狩猎,女人和小孩采集的生活。他们既不会豢养牛、羊、马、骆驼,也不会种植水稻、玉米或小麦。全家人每天的食物都来自男人猎到的长颈鹿肉,或者女人采集的浆果和野生木薯。女人每天会花费大量时间,把这些食材加工成简单的食物,她们的样子早已被拍摄成了纪录片。从这类纪录片中,白领们会惊讶地发现世界上居然还有人是这样"简陋"地活着的。男人好像个个都是好猎手,每当夜幕降临,他们会聚集在一起,讲述各自捕获到的猎物,以及它们的习性。时不时,人群中就爆发出一阵愉快的笑声。贾里德·戴蒙德(Jared Diamond)曾多次参加这样的篝火晚会,一开始他以为这些人每天都能猎到各种野味,顿顿都有鹿肉吃,但时间久了他才发现,这些男人在吹牛。

"事实上,要是你仔细追问详情,大多数巴布亚新几内亚土著猎人都会承认,他们一辈子也不过打了几头袋鼠而已……我与 12 个土著一同出发,他们都是男性,带着弓箭。我们走过一株倒地的树,突然

18

间有人发出了兴奋的喊叫，大家都围绕着那棵树，有人拉开了弓，其他人朝着那堆枝叶丛挤去，我以为会有一头愤怒的野猪或袋鼠冲出来攻击人，就四处找爬得上去的树躲避。然后我听到了胜利的欢呼，从那堆枝叶丛中走出了 2 个强壮的猎人，手里高举着猎物，原来是两只雏鸟，还不怎么会飞呢，每只连 10 克都不到。那一天的其他收获，只不过是几只青蛙，以及一些香菇。"

贾里德·戴蒙德因此认为，这些巴布亚新几内亚土著猎人的家庭主要还是靠女人们采集回家的植物源食物活着。美国纽约州立大学的团队对非洲坦桑尼亚北部草原的哈扎人的热量来源的研究也得到了相同的结果。肉，总是很难吃到，"偶尔，人们的确捕获了一只大型动物，然后就会不停地重述这一稀奇的故事。"直到人类历史进入 1 万年前，也就是农业革命开始兴起，人类终于学会了驯化马、牛、羊和猪以后，人们才有机会多吃上几口肉。

当然，读者不必为古人操心，因为人口密度不高，狩猎-采集时代并没有大面积饥荒。因为饥荒而饿死人，那往往是发生农业革命，人口密度高度增加以后的事情。然而，那时候饥一顿饱一顿也是正常的。对现代哈扎男人来说，平均一个月才能捕获到一只大型动物，如长颈鹿或斑马。这种情况下，每一餐饱食后，多余的能量不会白白燃烧掉，而是以脂肪的形式储存起来。每一单位的脂肪可储存的能量是碳水化合物和蛋白质的两倍。因此，人类很可能逐渐进化出专门的基因,用来搜集外周组织里"遗漏"的脂肪,这就是 *DNA－PK* 基因。这个基因的活跃度在人类 30 岁、60 岁时分别上调两次。结果就是,一方面,其他营养成分,如米饭和土豆饼中的淀粉、鸡蛋白和肉中的蛋白质,向脂肪转变的可能性大大增加;另一方面,能燃烧脂肪的线粒体的数量大大减少。对于进化,*DNA－PK* 基因的出现是好事情,因为做到了"物尽其用"。但是,农业革命和工业革命兴起以后,人类的饮食习惯发生了翻天覆地的变化,一大特点就是脂肪来源显著上升了,*DNA－PK* 基因本可以不用再兢兢业业,防患于未然。然而,自然进化做不到第一时间随机应变,总是有迟滞性。

此外,2019 年,瑞典卡洛琳斯卡研究所的研究人员还发现,人类男性在步入中年以后,脂质周转的速度变慢,即使在不节食的情况下,体重年均增长 20% 也是自然而然的事情。以往的研究也告诉我们,人体内参与燃烧白色脂肪的棕色脂肪含量也是随着年龄的增长而下降的。有意思的是,男性体内的睾酮水平也随着年龄增长而下降(睾酮及其他 2 种雄性荷尔蒙水平的变化可用作男性衰老速率的表征参数)。婚姻可起到使睾酮加速下滑的效果,部分男性因此罹患"睾酮缺乏症",表现为体型发福、面容女性化等,但同时性格变得温和,更适合过照顾妻儿的家庭生活。

应该说,人体的这一进化规律在大部分场景下都运转得很好,只是以农业革命、工业革命为代表的文化演化速率比自然演化的速率高出了几个数量级,这就导致进化迟滞大量出现,而这本是生命对抗恶劣斜坡环境的杀手锏。就像植物一样,比如水稻在经历过长时间的干旱后,其基因组就会打上"甲基化印迹"(DNA 没有变,只是加上了一些甲基化基团)等。然后这种经修饰的 DNA 再传给子一代,后者即使生长在水分充足的环境下,也可能表现出干旱的性状,如生长缓慢、叶片较小等。几代以后,表观修饰基团才会从 DNA 上"脱落",水稻才会恢复正常生长。人类也是如此,吸食烟草会让男性的精子细胞甲基化水平升高,并最多可以遗传到第三代。1845—1849 年,爱尔兰曾经连续发生大饥荒,因为当地几乎是唯一主粮作物的马铃薯连年枯死。直到 2001 年,研究人员才发现是一种致枯萎病的细菌点燃了导火索。之后,研究人员对大饥荒幸存者的后代的健康状况进行了追踪研究,发现这些后代更容易肥胖,心脑血管疾病的发病风险也更高,同时更容易生女儿。这是合理的,因为后续研究发现,女性的耐受力比男性强,更有可能从饥荒中活下来。因此,生女婴的存活率肯定比生男婴高。1944 年,美国明尼苏达大学也进行过类似"爱尔兰大饥荒"的实验。当时,项目主持人凯斯博士安排实验组的志愿者在整整 6 个月内,严格限制进食,以至于志愿者的平均体重下降了 25%之多! 其中,体脂率下降幅度最大,为 70%。志愿者随后进入康复期,直到体重恢复到实验前。然而,这些人的体重虽然恢复了,但体脂率大幅增加。对抗恶劣环境的杀手锏成了温室环境下的累赘。

## 寻找更好的方案

至此,我们发现由自然条件主导的演化是具有迟滞性的。我们希望这种主导性力量可以更多地来自我们自己。这并非天方夜谭。

一个事实是,人类早在统治地球之前就开启了"反自然"或者"超越自然"的演化道路。一个典型的狩猎-采集群体的总成员基本上为30~50人。他们的食物来源以富含膳食纤维和维生素 D 的坚果和水果为主,肉类始终只是补充。他们也不饮用乳品或酒,因为产出这些食物的牛、羊、马,以及粮食作物如水稻、高粱和大麦都尚未被驯化。直到欧洲的人类开始驯化可提供乳糖的动物。随后,从4 300~5 000 年前开始,专门用于消化乳糖的基因也演化出来,酒精代谢的 2 个主要基因 *ALDH* 和 *ALDH2* 也如此。这样,一部分人类多了 2 个能量来源,就是动物的乳品和酒。那么,他们对环境的适应性会更高,存活率和生育率都会上升,因为有足够的食物养活后代。进化上的计算告诉我们,只要繁殖率有差异,那么若干代取得选择优势的基因就会在种群中扩散,并成为主流。这就是为什么今天的绝大部分欧洲人都既能喝牛奶,也能喝酒。同时,有选择优势和适应性的人类开始向外迁徙,并更有可能在新环境下存活下来。发表在《科学》(*Science*)杂志上的演化模型揭示出,正是人类征服自然的能力变强

22

了,比如寻找、利用和加工食物的能力提高了,再加上彼此间建立在语言基础上的合作加深了,才让脑容量有了质的飞跃,人类也因此建构出了复杂的社会。

藏族人的故事可以很好说明这一点。

他们的基因组上多的是"反自然"的变异。新的假说认为,第一波人类早在 6.2 万年前就登陆了青藏高原。然而,当时人类的基因组并不能很好地适应高原的高寒、低压环境。直到 9 000 ~ 15 000 年前,第二波人类到来,青藏高原才彻底被征服。其原因在于,第二波人类的基因组上至少有 8 个基因来自已经灭绝的尼安德特人、丹尼索瓦人、乌斯季依西姆人和其他未知群体,正是这些基因赋予了藏族人更强的适应性。请注意,藏族人征服高原的原因并非是简单地靠自身进化而来,而是从已存在的进化方案里"借"了 8 个基因。

这启示我们,凡是能提升适应性的方案都值得试一试。

比如,一种在基因组上"动刀子"的方案正在流行起来,就是基因疗法。简单来说,人体中 2.5 万 ~ 3 万个基因都有可能出错,一旦出错往往会导致绝症、遗传病或罕见病。这些病的种类之多,超乎常人想象,只有每个国家的卫生部门才有清晰的名单。比如,美国国立卫生研究院(NIH)旗下的遗传与罕见病信息中心(GARD)的中心数据库详细记录了人类目前发现的几乎所有的遗传病和罕见病。2018 年 5 月,中国政府也公布了第一批遗传与罕见病名单,一共 121 种。其中,一种叫β-地中海贫血症的遗传病一度不能被治愈。这是一种单基因缺陷的遗传病,已经伴随人类数万年之久。很明显,靠自然进化是没办法修复患者的缺陷基因(*HBB*)的。固然,整个人类群体不会受β-地中海贫血症的太大影响,但对年轻的美国伊利诺伊州的姑娘雯达·西哈纳来说,该病影响了她的一生。为了活下去,她不得不按时接受输血,而这一痛苦的过程本可能持续终生。

雯达选择了另外一条路,就是接受针对 *HBB* 基因的基因疗法。她的医生先提取了她的骨髓干细胞,然后在体外把正常的 *HBB* 基因转进去,最后再把重组后的骨髓干细胞转进雯达的体内。因为骨髓干细胞可以生成新的血细胞,而它们每一个都携带正常的 *HBB* 基因,这样就等于治愈了β-地中海贫血症。目前,雯达早已恢复健康,并且考进了亚利桑那州立大学,专业是生物医学。瞧,生物医学生雯达作为"反自然"疗法的受益者,她的案例反过来强化了人类"对抗"自然方案的信心。既然 *HBB* 基因可以被修复,那其他基因,如脂肪代谢基因、糖代谢基因、原癌基因等为什么不能被微调一下呢?更重要的是,超过基因层次的"反自然"方案,只要有益于提升人类适应性,为什么不试试呢?

\* \* \*

哈佛大学的进化学教授丹尼尔·利伯曼认为,人类不要试图逾越基因。

他是保守的,他的意思是"照顾好自然的田地",反对通过新技术改造生活。比如治疗疾病,可以寄希望于用健康的作息和自律打败它;适应未来社会新环境,则应"乐观"地看到,人类群体会在经历各种灾难和未知事件后存续下去。在这种思想的指导下,即使发生了核事故,人类似乎也不必过分担心,因为生命会从头再来,物种会再度兴旺。

的确,1986 年切尔诺贝利核电站的放射性物质严重外泄事故,导致现场 31 名工人当即死亡。这次事件也对附近的环境造成了严重的破坏。救援直升机全都被就地掩埋或抛弃,因为上面的辐射物质太多了。几十年来,那地方成了交通禁区,但并非生命禁区。人类走后,地方交还给了动、植物。虽然它们身上的辐射物质含量依然很高,但照样代代繁衍,且并没有"哥斯拉"化。比如,一种叫"普氏野马"的罕见野马,就栖息在切尔诺贝利爆炸中心区附近,该种群的数量已高达 64 只。看起来,只要地球还在,就没什么大不了的。

但问题是,动物在遭受了剧烈的核辐射后,尚能在高发的癌症出现之前完成繁殖,人类可不能接受这样。此外,地球也不会永远都存在,人类没理由永远只在"地上"生活,很可能移民于地球之外。前所未有的生存环境的改变,将孕育前所未有的适应性演变。因此,利伯曼的思想可以说存在不可忽视的局限性。正如我们反复论述的,复杂的人类社会是适应性逐渐增强的结果;如果裹足不前,那么距离灭顶之灾可能就不远了。

这样做还有一个理由。

自然选择主导的进化有可能走的是一条循环路线,也就是过上若干年,人类可能再次回到原点。比如,人类对三原色的感色能力至少重复进化出了 2~3 次。人类能分清红、蓝、黄,靠的是视细胞里的光敏蛋白,而背后正是基因在起作用。考虑到基因的复制、转录、表达需要精密的调控机制,十分耗能,因此一旦某种功能弃而不用,它背后的基因也会慢慢"化石化"。南极冰鱼体内的血红蛋白基因就是如此。人类和哺乳动物离不开血红蛋白,因为后者负责携带氧气。但冰鱼为了降低在寒冷的南极海水里的血液黏度,已经选择通过其他路径获取氧气,比如扩大毛细血管,皮肤变得薄且透明,可以直接从海水中汲取氧气。所以,它们的血红蛋白基因也就再无存在的价值,基因大片段随之丢失。

显然,人类更需要一种保证前进的方案,比如能量代谢越来越高效,对病菌和真菌的抗性越来越强,寿命越来越长,人体越来越自由,最终可以摆脱诸如温度、氧气含量、电离辐射等物理学上的束缚。暂时来看,人类应该两种方案并举,也就是自然进化仍然保留并加强;同时,人力主导的主动进化逐渐走进现实。

尊重自然进化,依然让人类受益颇多。英美科学家统计了两国男女的择偶偏好,发现身体质量指数(BMI)更均衡,身材比例更好(往往让人觉得身体可能更健康）的人，更有可能获得异性的青睐，获得更多的生殖资源，也自然有可能拥有更多的后代。重视主动进化，则能让人类个体实现在"奔跑中换零部件"，也就是在基因技术、纳米技术和人工智能技术的辅助下，人类变得比以往任何时候的适应性都更强——即使面临数百万年来从未有过之变化，也不在话下。

## 手的"主动进化"

人类的双手是很灵活的，进化出的大拇指让我们能握住工具。手部皮肤的感应器种类多而且灵敏，可以让我们隔着裤兜感受到物体的硬度、形状甚至温度等。

然而，手是一种脆弱而功能单一的工具性器官，即它不参与代谢活动，基本只是我们用来改造自然，如狩猎、采集、搏斗或操作计算机的工具而已。此外，手经受不了高温或超低温，形变和刚度也有极大局限，更重要的是，一旦断掉不能再生。所以，人手距离完美的工具还有不小的距离。也因此，人类从孩童时期就喜欢模仿科幻电影里的装备，为自己的双手戴上形形色色的手套或装饰物。手作为一种工具，具备了被取代或者迭代升级的基础。

之前，义肢可以取代受伤或患病的肢体，将断掌切除后换上义肢，使用效果可能更佳。2018 年，奥地利维也纳的外科团队为 16 名臂神经损伤患者开发了仿生手,也就是用新"手"替换失去感觉和控制能力的旧手。手术过程分为三步:第一步,把特殊材料制成的仿生手安装在手臂外侧的支撑架上,并连接上电极,电极可以通过皮肤接收前臂的神经信号,患者学习控制;第二步,通过手术切除旧手;第三步,待伤口恢复后,把仿生手接到前臂上。因为利用的是来自前臂的神经信号,所以用起仿生手来感觉如同在用真的手。而且,归功于材料的先进性,仿生手具备耐高温、超低温和形变的理论基础,并且可以拆卸和替换。更进一步,人类可以继续在材料上做文章,如在仿生手上覆盖一层埋藏了温度、湿度、电磁传感器的人造皮肤,那么这只手伸出去,就能感应到环境信息。

到这个时候,我们已经进入一片崭新的天地当中。除了手之外,是否还有其他东西是可以迭代的?耳朵呢?人耳的听觉范围有限,超声波和次声波都听不到,更好的人造耳应该都可以听到。事实上,人造耳蜗早已经实现了部分功能。还有眼睛,人眼既看不见紫外线,也看不见远红外线,而且有视觉误差,使用久了还会导致视觉疲劳。人造眼可以直接连入视神经,把各种光线信息传递到视觉处理皮层,甚至有超长焦距和夜视功能。有意思的是,复旦大学一些团队正在研发可注射的纤维生物传感器,它们可贴附在皮肤的特定位置上,搜集环境信息,并与外界的蓝牙等设备连接。2019 年发表的研究成果表明,这种生物相容性较高的元器件基本不会引发炎症反应,也不会留疤,稳定工作 4 周没有问题。应该说,这些方案本质上都是在提高人体适应性,而这是靠自然进化远远满足不了的。

　　演化生物学家亚当·卢瑟福曾评论道:"我们想飞,但并不需要进化出翅膀,只要会造飞机就可以了。"这是一种重要的演化思想,我们不要忘记它。

# 第 2 章　从跨物种合作到人机结合

## 自组织关系网

"你明天的早餐在哪里?"你或许会回答"在离家最近的便利店里",又或者"在我的厨房里,有鸡蛋、油、盐,它们的新组合就是我明天的早餐"。不管哪种回答,都等于承认你要依赖他者生产的物品生存;特别是鸡蛋,由养殖场的工人或农民收获,却由鸡生产,因此你的生存也依赖于其他物种。当然,你为此付出了金钱,你也在为他者生产物品。这样一来,"关系"便存在于你与他者之间、你与鸡和鸡蛋之间。

也许你会说:"事情有那么复杂吗? 我只是过好自己的生活而已。"

注意到了吗? 我们生活在一个比较少有集体意识的时代,这与人类历史上的大部分时期都不同。例如,在以前的狩猎部落,每个男丁都要承担防御的任务。集体出发去攻打相邻部落时,成年的男性都要在头一天晚上参加聚会,准备第二天的"远征"。但是现在大不同以往,你穿着干净的职业套装,吃完一颗鸡蛋,喝上一杯牛奶,嚼着切好的苹果,然后挤上驶向城市中心的地铁。即使边境上有军事冲突,你也不用操心,也没有人要求你去支援。法国的社会学家埃米尔·涂尔干(Émile Durkheim)认为,这是由精细的社会分工造成的。"分工带来的这种普遍的相互依赖取代了集体意识在维系社会时所起的作用,连接着现代社会的人们的纽带和高度有机的社会结构,为整个社会提供了新的基础。"合作生存,似乎才是生命诞生以来的演化逻辑。这一点,早在 20 世纪 40 年代就由人类学家拉德克利夫·布朗(Radcliffe Brown)指出:人与人之间的关系组成了社会的结构,整体的社会关系就是一种网络。格奥尔格·齐美尔(Georg Simmel)也认为,没有人能脱离社会关系存在,也不存在孤立的"个体自由"。让我以黏菌为例细细阐述。

许多研究人员都有自己喜爱的研究对象,比如黏菌(slime mold)。在下过雨的野外,你可以在倒木的背后找到黄色、成网状的黏菌。黏菌最让研究人员津津乐道的"超能力",是基于"集体意识"的学习能力。2000 年,中垣俊之做了一个著名的黏菌迷宫实验,他设计了一个有 4 条通向出口线路的迷宫,然后把燕麦放在出口处,再在入口处培养淡黄多头绒泡黏菌(physarum mellum,1 000 多种黏菌其中之一)。燕麦是黏菌最爱的食物,所以它们会用伸展细胞质的方法,设法"够到"燕麦。实验开始后,黏菌迅速繁殖扩张,很快就把伪足覆盖了整个培养平面。然后,凡是接触到甜美燕麦的伪足线路都得到加强,而没有找到食物的伪足则逐渐缩回,直到消失不见。最后,那些紧紧抓住燕麦的伪足之间,形成了一条清晰的黄色线路,而这条线路正是走出迷宫的路径中最短的!这是不是巧合呢?

2004 年,中垣俊之升级了实验,他领导的实验小组仿照日本东京铁路网,在 35 个相当于铁路站点的位置放置了燕麦,然后再让黏菌去"画地图",看看能不能画出一张连接所有站点的"铁路网"。结果,在

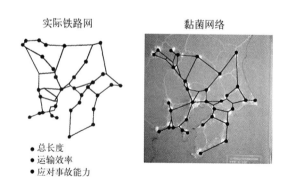

实际铁路网　　　　　黏菌网络

- 总长度
- 运输效率
- 应对事故能力

**黏菌模拟出的日本东京铁路网**　左:实际铁路网;右:黏菌网络图,灰色结点为麦片,灰色的"铁路线"(与黑色加粗线重合的部分)是黏菌为寻找食物长出的伪足。一开始,黏菌长出的细长伪足遍布整个平面,但找到食物后,那些没有接触食物的伪足逐渐消失,其他的则越来越发达。26 小时后,研究人员得到了一张"在总长度、运输效率、应对事故能力等方面,都不亚于实际铁路网"的黏菌网络。

图片来源: Tero A, Takagi S, Saigusa T, et al. Rules for biologically inspired adaptive network design。

接下来的 26 小时里,黏菌一边探索食物放置点,一边优化布局,也就是在有的地方收缩,在有的路径上强化,最终形成了一张网络,其脉络与东京铁路网非常相似。而且,如果撤掉其中一个"燕麦站点",道路网将基于最优解而重构。

须知,这张东京铁路网的设计耗费了工程师数十年的脑力。然而,出色地完成挑战任务的黏菌,并没有类似于人类大脑那样强大的神经元系统,它们只是一种低级的单细胞原生生物。研究人员分析推测,黏菌内部应该存在通信机制,可供不同部分相互激发和影响,就像大脑神经元相互激发一样,这让它们以一个集体为单位,获得了类似于大脑的运算和学习能力。事实上,当环境营养匮乏时,黏菌们确实会抱团生长,并由中央部位开始向周围介质发射化学信号,以招募其他黏菌前来投奔。这就像海岸线上的信号塔向茫茫大海发射信号一样。远方的孤舟会响应这些信号,并前来加入。此外,单个黏菌也会合成"结盟信号"环磷酸腺苷(cAMP,一种化学小分子),然后以脉冲的方式向外界螺旋式扩散。当 cAMP 浓度突破阈值时,环境中的黏菌都将参与"结盟"。最终,不同来源的黏菌组成了一艘超级黄色"旗舰",它们一起觅食、繁殖,并且同其他菌落展开竞争。这就像电影《雷神》中的彩虹桥守门人海姆达尔,他骑着金鬃马,在冰霜巨人来袭之际吹响了奥拉尔号角,召唤众神前来协同御敌。

有必要再强调一遍的是,黏菌没有任何神经元系统,它们更像是一个个拥有高超运算能力的智能机器,其中每一个成员都是"微二极管",缺一不可。也就是说,在更高级的智能系统(如大脑)尚未进化出现时,生物体就找到了一套行之有效且极具效率的技术方案。那么,我们似乎可以说,生物体之间相互合作是不需要经过高级运算就能明白的事情。基于回报的分工合作,乃众生之道,成员间的关系也由此塑造。博弈论专家罗伯特·阿克塞尔罗德(Robert Axelrod)在《合作的进化》中写道:"合作可以在没有预见的情况下产生。生物系统中的合作即使在参与者不相互联系,或它们没有能力评价自己行为后果的情况下,也有产生的可能。"这就是我们所说的自组织合作方式。

## 家庭以内

人类无疑也是有合作需求的生物体,探讨家庭关系可以帮助我们更好地理解这一点。在家庭内,父母和孩子之间也存在一种"合作关系"。父母需要通过孩子来繁衍、延续自己的基因,而孩子则为了生存,天生就有着"生存策略"。

同黏菌一样,婴儿的大脑也没有成年人那样的预见性,因此他们依赖的也是一种"不需要经过高级运算就能明白"的本能。他们嗷嗷待哺,既没有自行觅食的能力,也没有抵御任何危险的本领,事实上他们对何为危险一无所知。此外,他们的皮肤组织粉红且稚嫩,消化系统尚无健康的菌群入住,这让他们无法消化除乳汁外的一切食物,免疫系统也"一穷二白"。

幸运的是,婴儿有父母的照顾和保护。即使在狩猎-采集时代,人类也要把子女养育到 10~12 岁。在农业时代和工业时代,养育子女的时间还会更长。在此期间,任何失去双亲庇护的孩子都难以活到成年。哲学家阿拉斯戴尔·麦金泰尔(Alasdair MacIntyre)在《依赖性的理性动物》一书开头写道:"互相依赖才是关键所在。人类社会是一套支持体系,弱者不一定只能坐以待毙。在人生中的许多阶段,不仅在幼年与老年,而且包括其他许多时间,我们都需要别人的照顾,天生就需要其他人的陪伴。"

所以,不必为婴儿担心,他们有自己父母的照顾,这让他们可以安然度过危险的童年——家庭正起源于此。比如,人类婴儿们的哭声彼此相似,结果社群的哺乳期女性成员听到了都会想去照顾,她们的乳房也会分泌乳汁。如果婴儿爬出了母亲的视觉范围,母亲大脑内侧视前区的 α 运动神经元便开始活跃,并映射激活多个表达多巴胺的脑区,最终促使母亲采取行动,把幼子抱回安全区域。此外,母亲的荷尔蒙可刺激父亲的犁鼻器,使其内侧视前区被激活,让他更有父爱。在母亲体内的胎儿继承自父亲的低表达量的 *PHLDA2* 基因,则会刺激胎盘大量分泌胎盘催乳素,进而增加孕妈妈的垂体催乳素的分泌,为即将到来的婴儿做好准备。这些都暗示了人类对后代的爱,是为了更好地繁衍而预置的"适应器"。

反过来,这种爱同样可以消失:那些在幼年期被剥夺母爱的幼子,应激激素(也叫压力激素),如促肾上腺皮质激素释放激素(CRF/CRH)含量上升,同时 $K^+$ 通道蛋白的丰度下降,造成大脑外侧僵核区神经元数目增多,并且过度活跃,从而抑制多条下游多巴胺通路。结果,这些个体长大后不再善于抚养后代,也更容易出现精神类疾病。正因为如此,灵长目动物学家弗朗斯·德瓦尔(Frans de Waal)指出:"母子之间的联系显然不可侵犯,因为这是哺乳类动物的生物构造中的核心要素。我们要决定构建什么样的社会,怎么达成国际人权,就必须面对同样的限制。人类的心理结构是数百万年来小型社群生活形塑而成的,因此构建周围的世界也必须顺应这种心理结构。"

当年在美国的心理学界,以及在以色列的集体农场,都有人倾向认为可以把孩子从他们的父母身边带走,然后用数年的时光把他们培养成数学家、物理学家、律师或者医生。这种思想最早可以追溯到古希腊,当时斯巴达人专门把孩子交由政府来抚养,目的是把他们培养成嗜血的战士。也许斯巴达人可以达成初衷,因为他们要的就是冷漠无情的"暴力狂",但要想把他们培养成有人文关怀的律师、医生则不可能。20 世纪 90 年代,以色列集体农场因为"显而易见的原因",终于停止把孩子与父母分开。据当事人回忆,"这种做法已经被放弃,现在孩子每天放学后就可以回家和父母住在一起。这样的改变让人松了一口气,因为孩子待在父母身边感觉上就是比较好"。

　　显然,到目前为止,对包括人类在内的哺乳动物以及鸟类、昆虫来说,建立以血缘关系为基础的家庭,是实现合作的"最优设计"。这里,仅仅从个体层面看,人类婴儿的独立生存能力远不如动物的幼崽,但人类的数量比全世界的象群、鲸鱼群,以及其他两种灵长目"近亲"黑猩猩和倭黑猩猩的族群总量都要多。这说明评价一种演化策略的优劣,并不能从个体出发,而要把整个族群视为一个单位,这是进化的要义——按照戴维·斯隆·威尔逊的说法,人类社会的进化是分层次的。也就是说,一个洋溢着父爱与母爱的族群,比另外一个冷漠的族群更能在进化中胜出。因为前一个族群中,人们更愿意在后代身上投入资源,而后代则有充足的时间用来发育大脑。

## 家庭以外

　　人类同样重视与其他近亲以及邻居保持亲密的合作关系。近亲身上携带了一部分与自己相同的基因,所以照顾他们的孩子同样有适合度收益。比如,许多人类群体的家庭中,并没有父亲这样的角色,取而代之的是孩子的舅舅。

　　在倭黑猩猩这种雌性主导的群体中,每一头雌性倭黑猩猩生产时,都有大量的雌性倭黑猩猩在旁照顾。与人类和黑猩猩习惯于雄性之间结盟不同,倭黑猩猩更倾向于雌性之间结盟,这让它们取得了远胜于雄性倭黑猩猩的权力。弗朗斯·德瓦尔在野外观察中就发现,雄性倭黑猩猩在群体中的地位取决于它的母亲在群体中的地位。这和人类社会以及黑猩猩社会正好截然相反!但背后的原理多么相似:基于回报的分工合作,协同寻找资源,繁衍并对抗竞争者,是众生之道,成员间的关系也由此塑造。走出家庭,原始人类依然面临寻找谁作为互惠的合作者,以及如何让自己融入小集体,成为别人可信任的潜在合作者等难题。只有解决了这些难题,人类才能享受到社会生活的好处。否则,当众人合伙俘获一头大树懒时,那些袖手旁观者将很难享受到这种福利。

2018年,德国马普人类研究所的研究表明,狩猎完成后,黑猩猩在分配猎物,也就是猴子肉时,并不遵循完全平等的规则,而是按照参与狩猎的猎手的贡献大小,等比例地瓜分猴子肉。狩猎主力拿走大部分猴子肉,而那些没有参与狩猎的,即使伸出双手来乞讨,也可能被残忍拒绝。这样才能保证猎手们下一次仍积极参加狩猎,从而保证其吃到肉的成功率。

应该是狩猎与分享行为促进了合作与认知的演化。因为猎手们不但要在狩猎过程中协调各自的行为,认清各自的角色,譬如有的负责追赶猴子,有的负责设置陷阱,有的负责守住猴子逃窜的出口,而且

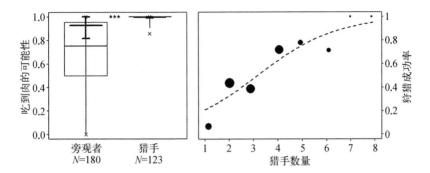

**合作的猎手越多,越能保证狩猎成功率**　左:猎物的肉主要在猎手之间分配,旁观者要想吃到肉,要靠其他办法(比如生殖器肿胀的雌性黑猩猩靠肉体交换;一只黑猩猩靠此前帮助过其中一只猎手,幸运地得到了回报);右:猎手数量越多,狩猎成功率越高。为什么狩猎小群体一般为 2~3 只雄性黑猩猩?因为猎手太多会让猴子肉不够分。

图片来源:Samuni L R,Preis A,Deschner T,et al. Reward of labor coordination and hunting success in wild chimpanzees。

要记住彼此在此过程中的贡献大小。这样,才能保证最后的"坐地分肉"是公平的。也只有这样,才能够鼓励猎手以及旁观者积极参与第二天的狩猎。反之,如果不参与狩猎的黑猩猩也能够平均分配到猴子肉,那么合作狩猎也失去了演化的动力。

如果人类有所付出但没有获得回报,那么基于回报的合作很可能被彻底否定,人与人之间的社会关系也将不复存在。对此,弗朗斯·德瓦尔曾举过一个形象的例子:有一位男士,有一次在上楼的时候,看到他的女邻居正在费力地把一架钢琴从公寓狭窄的楼梯上搬下来。他马上出手相助,并因此把自己的胳膊划出了两道微小的伤口。女邻居表示歉意,但这位男士不以为意,反而从助人为乐当中感受到了快乐。三个月后,这位男士也需要搬东西,于是他自然而然地敲响了女邻居的门,希望她帮他往楼下搬运一些笨重的东西,但是女邻居拒绝了她。于是这位男士慌忙之下,厚着脸皮提醒她,三个月之前他曾经帮她搬过钢琴,还把胳膊划伤了。没想到这位女邻居冷冷地回答:"哦,可是我并不相信互惠。当初是你自愿的,我可没有请求你帮忙。"这位男士震惊了,错愕之余有几分愤怒。德瓦尔认为,这位女士的回答从事实上否定了人类的群体生活方式,也就彻底否决了人类互相帮助的必要性。如此一来,这位男士肯定不会再与这位女士有来往。如果类似场景发生在人类的父子、母子或者同事之间,那么当事人之间也将变得更加冷漠,之前的社会关系亦将瓦解。

也就是说,我们今天习以为常的人类道德规范,实际都是博弈后进化的产物。幸好,进化的力量让我们的言行基本与社会规范保持一致,既不会因肆意妄为而遭受惩罚,也不会因固执不作为而受到道德指摘。

## 跨物种合作

以上故事告诉我们,自然界的合作具有自组织性,在家庭内外普遍存在着合作现象。现在,让我们进入下一个阶段:跨物种合作。

我们身体里的每一个细胞平均含有 200 多个线粒体(成熟红细

胞中没有,肝脏细胞中有 1 000 多个）。它们像发电厂,源源不断地合成能量,以满足我们呼吸、消化食物以及读完一篇文章等的需要。听起来,线粒体是我们与生俱来的组成部分,但实际上它们一开始也是独立的生物体,只是为更强大的生物体所俘获,并经驯服,成了与之共生的"合作者"。

20 亿年前,线粒体的祖先还是一种非寄生性的需氧型细菌,它们会被其他的单细胞生物当作食物"生吞活剥"。但是当大气中的氧气含量急剧升高后,捕食者发现猎物有意想不到的功效:帮助消化、清除氧气。线粒体的祖先便有了活下去的理由,只是它们的 2 000 多个基因被打散重组,只被允许保留大约 37 个基因。于是,线粒体成了细胞内部拥有一定权力的"工业区",专司以葡萄糖为原料加工、生产能量。工厂昼夜开工,同时随时受到监控,一旦厂房老化,或出现不可修复的生产事故,为防止有害物质泄漏,贻害"胞"间,细胞就会在第一时间摧毁并定点清除线粒体。

然而,利弊之道,在于平衡。就像人类社会的权力下放给地方,后者就有可能叛乱一样,拥有属于自己的基因的线粒体,也有可能想起"过去的荣光",而在监控松懈时疯狂复制自己的 DNA,从而导致人体暴发重大疾病。即使这样,自然进化也不打算把线粒体的权力收归中央,因为那样一来的麻烦更大。比如,假如由细胞核指挥、合成线粒体所必需的一种膜蛋白,并经由传统蛋白质内分泌网络向外运输,那么其很可能被错误运输到内质网(另一种细胞器)上。

也正因如此,戴维·斯隆·威尔逊建议应该把人体看成一个超级联合体,我们的肌肉细胞与骨骼细胞、肝脏与肾脏之间的关系就像同一个国家的不同省份之间的关系。

* * *

跨物种合作的例子无处不在。有时候,互相合作的物种亦相互依靠,不能分割。再以一种植物和一种动物的例子来说明。

现在的玉米驯化于1万多年前的墨西哥地区。那里有一种叫作大刍草(teosinte)的野生植物,它的染色体数量与现代玉米相同,两者基因的位置也类似。分子遗传学的证据表明,大刍草虽然在外形上与现代玉米相差甚远,但它确实是现代玉米的祖先。大刍草结出的棒子只有小拇指那么长,上面的果实颗粒很少(只有可怜的10~12粒),而且一律包裹在又厚又硬的外鞘之中。每一颗大刍草谷粒成熟后,都会自动脱落,然后等待萌发——这就是大刍草的繁衍方式。人类发现大刍草后,先后驯化了它的*TB1*基因,这导致植株分蘖急剧减少甚至停止;驯化了*BT2*基因,这让玉米谷粒的淀粉含量更高,更有甜味;驯化了*TGA1*基因,这导致籽粒外壳消失且籽粒变得更加柔软。更重要的是,驯化后的玉米不再自动脱粒,成熟以后必须靠人工脱粒、播种才能进行繁衍。

失去自然繁衍的能力,好像对玉米来说并不是妙事。但实际上,

**大刍草驯化成了现代玉米**　左：大刍草，也叫墨西哥类蜀黍，它的谷粒藏于厚硬的外鞘中；右：现代玉米。
图片来源：Stitzer M C, Ross-Ibarra J. Maize domestication and gene interaction。

这种与人类"合作"的演化策略才是其走向世界的功臣。驯化后的玉米形状好，遗传性丰富，不同的品种可以适应各地寒冷或炎热、干旱或湿润的环境。而对于人类来说，每一粒玉米种下去，就有望收获 150～300 粒玉米（每粒小麦最多产出 50 粒），有助于解决饥荒问题，如此一来，人类便"不得不"大力推广种植玉米。当然，一个"弊端"是假如人类在今夜灭绝，那么也许明天就该轮到玉米了。

　　与玉米不同，狗很可能并不是人类主动驯化的。4 万年前，一些由于基因突变等原因而变得更热衷于社交的狼，主动接近了人类的营地。为了与人类更好地和平相处，这些狼不但在野性上大为退化，而且在皮毛的颜色和质地、耳朵形状、尾巴长度和弯曲度、眼睛的颜色、面部结构上都发生了重大改变,总之它们变得越来越温顺,越来越讨人类的喜欢,逐渐演化为狗。在随后的协同进化中,狗变得可以感知人类在想什么,也能准确感知人类的情感波动(它们的催产素和多巴胺分泌模式是同步化的两条曲线)。在与人类"合作"后,演变为狗的这些狼"走遍了大江南北"。目前,全世界有 700~800 种,约 6 亿只狗。中国有约 1.3 亿只狗,却只有约 3.5 万只狼;同时,狗遍布全国,而狼只分布在东北、内蒙古以及西藏等人口密度较小的地区。2018年,《自然》(Nature)杂志报道了一位慷慨的消费者花 65 美元为自己的宠物狗做了一项与神经退行性疾病相关的基因检测——野外的狼可享受不到这样的高科技服务。

起码从繁衍的角度看,4 万年前的那批狼选"对"了路,与人类"合作",胜过与同类共处。

## 与机器人合作

正如前文所述,跨物种合作胜过与同类合作,人与机器人的合作也许亦如是。2018 年 10 月,《福布斯》杂志做了一项民意调查,结果显示有 32%的英国人欢迎机器人进入办公室,和他们成为同事;有12.5%的人乐于接受智能机器人成为自己的顶头上司。其中,"千禧一代"明显比"婴儿潮一代"更加开放,他们更乐于接受与智能机器人建立新关系。

这一调查结果毫不意外,人们总是会低估人类接受新事物的能力。与机器人合作,也许能为人类创造更多的可能性。

人们一直认为,机器人是我们的"仆人"——扫地机器人为我们扫地,陪伴机器人为我们的孩子播放儿歌,护理机器人帮助我们照顾年迈的父母。很少有人意识到,这些合作再往前进一步,即引进拥有自主学习能力的强 AI 机器人,那么它们就可能扮演人类的朋友、恋人或配偶的角色。在电影《她》中,男主人公爱上了电脑系统里只有声音的智能女主人公(由斯嘉丽·约翰逊配音),后者有一个人类的名字"萨曼莎"。萨曼莎不但声音性感,而且风趣幽默、善解人意,这让失去爱妻的男主慢慢深陷其中。让我们设想,如果萨曼莎是人形的智能机器人,并且拥有类似于男主妻子的外貌和肌肤,那么男主将如何定义自己与"她"的关系呢?

有人会考虑到,好像只有人类之间合作,才能共同抚养后代。但实际上,机器人也可以被赋予抚养后代的能力。到那时,人们可以选择是交由政府统一养育,还是与人类伴侣一起照顾,还是和一位智能机器人伴侣合作抚养。如果选择最后一种方案,一大好处是可以避免亲子冲突。届时人类的神经回路将不再因为缺乏母爱而失去平衡,相反,他们的脑健康将由智能机器人全程看护。

有时候,你会发现不与人类直接接触,也许更轻松。人类在建立小家庭、融入小集体、适应大社会的过程中,被预置了大量的适应器,仅仅是同辈压力就让自己有负重感。2018 年,数家陪伴机器人公司将机器人用于孤独症儿童的治疗,发现效果比人类护士的陪伴要好,患儿更愿意跟看上去冷冰冰的机器人交流。有的抑郁症患者也报告,与黑猩猩会面的感觉更轻松,"因为黑猩猩的眼睛小,眼白比例也小,而且它们更常用旁光注意自己,这让人感觉少了许多被关注的压力"。

当然,眼下的机器人尚离不开人类,一旦人类把它的电源开关拔掉,它就"一命呜呼"。在劳动密集型和计算密集型的行业,机器人依旧奉人类为"掌控者",甘当他们手下信得过的机器人服务员、机器人搬运工、机器人会计、机器人写手等。但在一些高科技领域,机器人的定位已经接近人类的"共同决策者",它们负责驾驶汽车、投放炸弹、定位癌细胞在患者体内的位置等,只有在关键时刻才会寻求人类的建议。假以时日,机器人可能会成为人类的合作伙伴,它们与我们一起出席活动,一起商讨度假地点,一起升级埋藏在皮肤之下的芯片……

届时,也许选择跨物种合作,建立跨物种的新型关系,会为未来创造更多的可能性。

# 第3章 长寿、长寿，一种非典型 解决方案

"人类很久以前就开始通过加强对环境的控制，来设计、控制自身的进化。文化传播进化发生的速度，比生物进化快得多，对长寿也有着更为明显的影响。"

——美国基因政策专家伊芙·赫洛尔德(Eve Herold)

## 人类寿命的极限

也许在2300年的"超人类"眼里，今天的我们正是像尼安德特人一样古老而落后的物种。

科学界普遍认为，人类寿命的极限在115岁左右，极端上限是125岁。2017年，荷兰蒂尔堡大学和伊拉斯谟大学的统计学家统计了1986—2016年荷兰全国7.5万名高龄人口的死亡情况，这些人的死亡年龄均在94岁以上。统计学家分析发现，虽然95岁以上的人数在30

年里增长了 3 倍之多,但最高寿命却维持不变,即男性最高活了 114 岁,女性最高活了 115 岁,都没能超过 115 岁。此后,美国爱因斯坦医学院的研究团队对人类死亡率数据库进行分析后发现,38 个国家中最长寿的人基本都在 115 岁左右死亡。整体来看,虽然 1970 年以后各国的最长寿命都攀升了,但过了 110 岁便进入平台期,最终平均死亡年龄为 114.9 岁。但这样的人太少了!新出生的婴儿想活到这个岁数,概率太低了。

衰老和死亡像不期而至的雾气,同时笼罩在帝王和乞丐的身上。一份发表在《科学》杂志上的研究统计发现,人类死亡风险随着年龄的增加而升高,一个 95 岁的人有 1/4 的概率将在一年内死亡。再往前,一个 85 岁的人有 1/6 的概率将在一年内死亡。明白了这两个例子,你就知道为什么那么少人"幸运地"活过了 100 岁,以及为什么全世界的人均预期寿命只有 80 岁!一个可能让人类有所慰藉的结果是,人类的死亡风险在 105 岁之前是逐年递增的,但过了 105 岁似乎就进入了一个平台期,不再增长。所以,想活到 115 岁或更长吗?那就请先活到 105 岁吧!

事实上,有一批科学家正秉持这样的观点:衰老不过是一种疾病,即使不能治愈,也能通过服用药物等治疗手段,把它变成一种可以继续存活百年以上的慢性疾病。虽然这种观点恐怕是站不住脚的,但是它或许可以为抗衰老提供新思路。

美国研究衰老的医学家杰伊・奥尔闪斯基(Jay Olshansky)是这

样评论的："衰老并不是疾病，正如青春期和绝经期不是疾病一样。"奥尔闪斯基的意思是，我们应该把衰老看成系统内置的规则。想象你的计算机预装了一款新的软件吧！试用一段时间后，它突然蓝屏，然后屏幕上的文字告诉你，要么弃用、要么续费。很少人会立即选择弃用，毕竟这款软件带来的体验是很棒的。结果可想而知，只有极少部分人会选择弃用；绝大部分人更倾向于选择续费、续费、再续费。伊芙·赫洛尔德统计发现，像注射生长激素这种既没有任何科学证据表明其是有效的，又有极强的致癌副作用的昂贵（每年需 1.5 万美金）的抗衰老疗法，在美国大有市场。像雌激素、睾酮等激素类膳食补充剂，在电商平台的售价更是高达 13 美元/粒。显然，真正的抗衰老之道不是这样子的，人类应该去改写最底层的算法。

　　这种自带毁灭程序的算法到底存不存在呢？答案是肯定的。2013 年，美国加州大学洛杉矶分校（UCLA）的霍瓦特教授提出了"表观时钟（epigenetic clock）"的概念。他发现，靠生理年龄预测一个人的死亡是不准确的，有的人老得快，有的人却老得慢。问题是，那些明明遵循健康生活方式的人——每天膳食均衡、睡眠规律、运动适量，心情也很愉悦——还是在 50 岁左右迎来了一场癌症。这是为什么呢？霍瓦特发现，这些人表面上只有 50 岁，但他们的生物年龄可能已经高达 65~75 岁。那么，他们在这个年龄段死亡，也算是"寿终正寝"了。进一步，霍瓦特发现人体细胞内存在一套表观时钟设备，它可以记录下人类遭遇的重大事件,并以甲基化的形式在 DNA 上做标记。所以,我们虽然是自己身体的主人,但表观时钟才是记录我们自离开母亲子宫以来所遇到的环境条件的工具。如果环境恶劣,那么 DNA 上便会多出来一些甲基化标记,也就是特定位点会多一个甲基($CH_3-$)。而且年龄越大,甲基化水平越高。通过分析血液 DNA 的甲基化水平,霍瓦特等人开发的算法模型便能精确预测一个人的死亡年龄,误差在 3.6 年左右。

## 打破极限

如何打破寿命的极限?不同文化似乎有不同的解答。

在印度的创世神话中,有一个神秘的地方叫作"乳海",据说那里有长生不老灵药。为了得到这一灵药,以湿婆为首的神族与以阿修罗为首的魔族,曾经展开了旷日持久的争斗。最后,神魔两族达成协议,决定合作来获取灵药。于是,在乳海岸边,神魔分立两边,用蛇神婆苏吉的身体做绞绳,捆绑住曼陀罗山做搅棍,然后在乳海中剧烈搅拌,以获取海底的长生不老灵药,这就是著名的乳海搅拌传说。最后,神魔两族都吃到了长生不老灵药,遂长生不老。

在古埃及传说中,长生不老似乎不需要吃什么灵丹妙药,只需要对着死者念出神秘的咒语即可。在一个典型的来世重生的传说中,贤王奥西里斯被自己的弟弟塞特活活密封在棺材中,并被丢进了尼罗河。奥西里斯的妻子伊西斯历经万险,终于找到了奥西里斯的尸体。但塞特再次命人把尸体砍成数段,重新丢进尼罗河中。伊西斯悲痛万分,她收集了奥西里斯的尸体并放声痛哭,哭声感动了死神阿努比斯。于是,他帮助伊西斯把奥西里斯的尸体拼成一整块,并用亚麻布包裹起来,成为历史上第一具木乃伊。然后,伊西斯念起了史上第一句重生咒语,奥西里斯复活,并成为冥界的王和审判之神。在那之后,古埃及的祭司们开始为亡灵写下大量的庇护咒语,它们有的被镌刻在金字塔内壁上,考古学家称之为"金字塔铭文"。一本被埃及人称为"祈求来生的手册和万人升天的指南"的《亡灵书》,就记载了大量最早可以追溯到公元前 3700 年的重生咒语。到了公元前 1400 年,《亡灵书》出现了纸莎草版本,于是开始流向民间。

　　显然,不同于古印度人,古埃及人相信重生的秘密隐藏在更底层的"咒语(算法)"里,修改这一设定,人便能长生不老或轮回重生。

**世界电影中长生不老的角色及长生原因**

| 电影名称 | 角　色 | 长生原因 | 电影名称 | 角　色 | 长生原因 |
|---|---|---|---|---|---|
| 《惊情四百年》 | 德古拉伯爵 | 吸人血 | 《时间规划局》 | 男女主人公 | 抢劫时间 |
| 《阴阳师》 | 清音 | 食人鱼肉 | 《阴宅瓦德玛尔》 | 瓦德玛尔 | 黑魔法 |
| 《万能钥匙》 | 黑人巫师 | 更换肉身 | 《神话》 | 玉漱公主 | 不死药 |
| 《幽灵船》 | 杰克·弗里曼 | 摆脱规则 | 《奇异博士》 | 古一法师 | 时间法术 |

实际上,人类平均寿命的提高,并不是靠这些幻想中的办法。相反,人类的延寿之术其实很简单有效。福格尔和科斯塔认为,18和19世纪的英国人之所以寿命偏低,原因在于缺乏营养和清洁的水源,且劳动强度过大。按照现代营养学标准,这些人很不健康。那时候,大约有20%的人及其子女长期营养不良。显然,他们是很难长寿的。

在论文《技术性体格进化理论及其对预测人口、健康成本和养老金成本的影响》中,福格尔和科斯塔认为,"技术和生理改善之间的一种协同作用使得人类产生了一种非基因性,但发展很快,可通过文化进行传播且不一定稳定的进化"。也就是说,人类平均寿命的改善要感谢食品生产、制造业、交通、通信、贸易、能源生产、医药卫生服务,以及娱乐活动的发展。所以,虽然提升寿命的效果有限(即使健康政策可持续,人类到2040年的平均寿命也不到85岁),但人类已经取得了一些超越自然进化的"主动进步"。伊芙·赫洛尔德这样写道:"还有一个重要的信息是,人类很久以前就开始通过加强对环境的控制,来设计、控制自身的进化了。文化传播进化发生的速度,比生物进化快得多,对长寿也有着更为明显的影响。"

一方面,目前延寿15%左右的方法,早已在诺华、葛兰素史克等公司的研发日程上。2014年,谷歌也加入进来,与艾伯维药品公司合资,计划投资5亿美元在长寿项目上。另一方面,纳米医学领域则在开发可以进出人体细胞的纳米机器人。K. 埃里克·德雷克斯勒（K. Eric Drexler）预言："使用解剖刀和药物的医生不能修理细胞，就如同使用鹤嘴锄和一罐子油的人，不能修理一块精密手表一样。纳米机器人能在心脏病发作后，以健康心脏的组织取代瘢痕组织，并修复互联蛋白质，从而一举解决人类的一大死因。"那么，然后呢？人类不会在 40 岁或 60 岁就死于心脏病，但活过 95 岁的概率依然很小，活到 115 岁的概率更是微乎其微。2017 年，美国芝加哥芬伯格医学院的心脏病学团队的研究发现，一小部分阿米什人携带了一种名为 *SERPINE*1 的变异基因。受此基因影响，在这些迄今仍过着靠油灯照明、驾马车交通的农耕生活的人体内，驱动细胞衰老的信号因子 PAI-1 含量降低了 50%，这让他们的代谢更好，空腹胰岛素水平低于平均值，既不容易患上糖尿病，也平均延长了 10 年的寿命。但也只是 10 年而已，阿米什人照样很难活到 115 岁。一个现代人，即使全盘复制了科学家在周期性禁食、服用雷帕霉素、微调 *FOXO*3 基因（即人们常说的"长寿基因"）、植入纳米机器人等方面的建议，也只能活到 120 岁左右。要想活得更久，还是要回到最根本的表观时钟上去。

显然，这是一个系统性的主动进化工程。目前来看，人类应该持续在两个方面下赌注：一个是在硅基上重写生命与智慧的算法，如果成功，我们将得到意识上传的机会，从此在云端永恒；另一个是下沉到最底层,改写 20 亿年前就确定的生命架构,如果成功,我们至少可以把人类寿命的极限抬升到 500 岁或更长,而且人体器官不再衰老,800 岁的人的生命力依然像 20 岁时那样旺盛。我们可以将这类人称为"超人类",或另一种通过进化胜出的"新人类"。

## 悄然出现的竞争者

在智人集体取得了对其他 8 种古人类的胜利后,内部的暴力与冲突开始了。历史上,人类基于本能,会自动区分出"我们"和"他们",然后通过全方位的竞争,使种族更好地生存和延续。

2018 年夏天,巴西有人用手机拍下了一个印第安土著在亚马孙森林中活动的影像。这是一个悲伤的故事:视频中的印第安土著男性已经 50 多岁了,他的家人在数年前的土地冲突中,被巴西农民杀死,他自己逃进了森林。这一次,他被发现一个人在森林中伐木。据偷拍者介绍,他应该是一个人居住在森林深处,并靠狩猎和采集一些大蕉、浆果生活。每一年都会有人偷偷在他经过的地方留下一些玉米或花生的种子。不主动接触,是巴西政府的政策。巴西政府有一个部门,专门管理 22% 的亚马孙森林区域,这相当于巴西全国面积的 11%。通过无人机监测,该区域一共存在上百个原始土著部落,每个部落最多只有 200 余人,他们迄今仍过着与 1 万年前狩猎-采集时代的人类毫无二致的生活。这样古老的人类在现代人身上携带的病菌面前是毫无招架之力的。

**无人机拍摄到的巴西亚马孙森林深处的印第安土著**
图片来源：Government of Brazil。

2014 年，曾有 7 名生活在亚马孙森林中的土著突然穿越了巴西与秘鲁的国境线，进入现代社会。但他们都患上了严重的流感，差点全部死亡。更早之前，1824 年，1 600 名曼丹族人因感染天花，3 年后只有 125 人活了下来。1980 年，800 名苏鲁族人因接触欧洲人而感染肺结核，6 年之内有 600 多人死亡。可以肯定的是，这些看似古老的森林土著，其实也是当初淘汰了尼安德特人的智人的后代。《自然》杂志于 2018 年刊登文章，报道了一位生活于 11 500 年前的阿拉斯加的婴儿的基因组测序结果。丹麦哥本哈根大学的研究人员发现,这名婴儿的亲缘关系跟现代美洲原住民最为接近,他们同属于一个被称为"古白令人"的古老种族。进一步分析表明,古白令人是东亚智人的后代,他们最早在 36 000 年前度过白令海峡,向北美洲迁徙。之后,一支白令人继续留在东白令一带生活,另一支则继续南下,成为绝大部分美洲原住民的祖先。

问题就出在这里。

有观点认为,越过白令海峡的东亚人,无意中扮演了先行从非洲出走的尼安德特人的角色,而 36 000 年后重新"发现"美洲大陆的欧洲人则扮演了智人的灭绝者角色。[①] 只不过这次与上次可能稍有不同的是,两种人类之间的差距不止体现在文化技术上,还体现在对病菌的抵抗力上。格雷戈里·科克伦写道:"美洲印第安人既没有得过那些在农业诞生之后,在密集群居环境中传播的疾病,也没有在体内产生抵抗那些疾病的基因防线。因为他们迁入新世界的路线经过西伯利亚和阿拉斯加这样的严寒之地,那些需要媒介传染的或者具有复杂生命周期的古老传染病——如疟疾和几内亚线虫病——就此被他们抛在身后。他们进入的这个世界,从来就没有人科物种或者大

---

① 当然,关于尼安德特人的灭绝是否与智人有绝对的关系,学术界尚未达成共识。我们已经知道的是,两者有过接触、混血,甚至发生过暴力冲突。但最近的研究也发现,通常尼安德特人的族群成员较少,所以由季节性大型猎物的围猎失败导致的大饥荒,就可能让一个族群集体死于饥饿。

猿生活过。所以，那里能感染人类的本土病原体非常少。很多在旧大陆发现的传染病被认为起源于驯化的动物，但驯化的动物看起来并没有在当时的美洲成为人类生活的重要成员。"

这样一来，当西班牙人和葡萄牙人再次登陆美洲后，他们身上的病菌比手上的枪炮更加致命。伟大的印加帝国、阿兹特克帝国受疾病肆虐，轰然倒塌。美洲印第安人的人类白细胞抗原（HLA）基因与欧洲人 HLA 等位基因之间的差距，超过了人类与红毛猩猩在这一等位基因上的距离。于是，美洲印第安人如同哀号的尼安德特人，在天花、百日咳、麻风病、腺鼠疫、黄热病、登革热、疟疾、淋巴丝虫病、血吸虫病、盘尾丝虫病等源自欧洲和非洲的疾病面前，短短几个世纪，人口就下降了 90% 以上。可怜的阿兹特克帝国子民虽然一度在一夜之间，愤然反抗杀死了叛变的蒙特祖玛二世皇帝和当时驻扎在帝国内的2/3 的西班牙军队，但还是败在了随后袭来的天花上。印加帝国情况也类似，古老的大帝国在人数远少于自己的殖民者面前低头。格雷戈里·科克伦把这些来自欧洲的士兵称为"来自未来的侵略者。"

不论是采用先进的文化，还是使用基因科技，人类在进化上都不会停下脚步。智人就是这样一种物种，即使当初是同一祖先的后代，只要分开进化，在基因或文明上分出了一定的距离，落后者就可能遭受来自先行者主导的生态挤压，甚至惨烈的战争。尼安德特人、古代美洲印第安人都是活生生的例子。那些充满野心的先行者，要么先

**1533 年 8 月 29 日,印加帝国之王阿塔瓦尔帕被西班牙人处死**　在皮萨罗率领的数百名西班牙士兵登陆后,阿塔瓦尔帕曾率领 8 万多名印加勇士前去抵抗,但不幸中计被俘。战争中,上万名印加勇士死去,他们徒手抵抗着训练有素的西班牙骑兵。
图片来源:https://en.wikipedia.org。

把一部分人类定义成"他们",然后再号召"我们"一起去征服;要么在改造自身的道路上,一路狂飙。正因为如此,斯蒂芬·霍金在最后一本著作《大问题简答》(*Brief Answers to the Big Questions*)中,深切提醒人类要提防"超人类"的诞生。在这位物理学家看来,更新型人类的出现,并与现在的人类竞争,似乎是不可避免的。正如历史上,就在数百万阿兹特克帝国居民在梦中沉睡时,"来自未来的侵略者"悄悄上岸了。

## "超人类"扩张

扩张并不需要那么大的遗传学优势,只需一点点微小但关键的生物学优势就可以做到。对于进化,适合度优势哪怕只有 0.001 那么小,也就是一个族群每生育 1 000 人,另一个优势族群就生育 1 001 人,那么假以时日,后一族群也将在进化中胜出,他们的基因将变成该地区的主流。在人类史上,靠一点优势扩张成功的典范之一是印欧语系人口的大扩张。

今天,全球一共有 30 亿人说着印欧语系的语言,这些语言包括英语,其他日耳曼语(德语、荷兰语、冰岛语、挪威语),斯拉夫语(俄语、塞尔维亚-克罗地亚语、捷克斯洛伐克语、波兰语),印地语,波罗地语(拉脱维亚语、立陶宛语),凯尔特语(勃列塔尼语、威尔士语、爱尔兰语),还包括已经灭绝的几种语言,如拉丁语、古希腊语、赫提语等。语言学家考证发现,这些语言至少在 5 500 年前,归属于一种单一语言。比如,尼古拉斯·韦德发现,许多印欧语言中的"轮子"一词是明显的同根词:希腊语是"kuklos",梵文是"cacras",吐火罗语是"kukal",古英语是"hweowol",他们一定出自一处。结合考古学记录,"轮子"最早是在 6 400 年前的中亚草原出现的。同样的情况还适用于牛轭、车轴、羊毛等词汇。结合诸多方面的证据,我们可以想象出那些最早说着单一印欧语言的人类,究竟是什么样子的。

今天土耳其的安纳托利亚应该是印欧人最早的故乡。在这里,人类发明出了农业,建立起了适合农业生产的、等级制的国家和社会。同时,他们在 9 000~11 000 年前驯化了牛、羊、马,所以他们的语言里多的是与谷物、牲畜有关的词汇。渐渐地,稳定的农业供养了更多的人口,后者反过来需要更多的耕地。于是,携带着先进生产技术的农民像开闸的洪水一样,冲向安纳托利亚以外的土地。从公元前 7000 年开始,印欧人的祖先离开了"原初的故乡",他们的第一个目标是邻近的巴尔干地区。

首先,这群人有着军事上的优势。他们驯化了能托运货物的小马,后来又驯化了供人骑的战马,并发明了配套使用的战车。在当时的世界,苏美尔文明已经发明轮子、书写和算数,而且还拥有成规模的城市以及有效的农田灌溉系统。原始印欧人虽然在文化创造上是落后的,但是军事上的优势使其横扫一切。语言学家俄瑞特认为,原始印欧人并非天性善良的农夫,相反,他们骁勇善战,他们的文学中充满了对战争的描述。"在早期神化和传说中,充满了印欧人对战斗尤其对战死疆场的英雄赞颂。这在世界其他地方并非没有,但强烈程度无法与之相比拟。我们在这些故事中还发现,这个社会普遍把勇士们崇拜为精英。"这样,军事上的优势很快被转变成了人口上的优势。原始印欧人从旧石器文明的居民那里,交易或抢掠了更多的女性,并和她们生育了后代，他们的后代继续重复这样的步骤，从而使得印欧语系的版图越来越向西扩张。基因组分析表明，说印欧语的欧洲人只携带了不到20%的中亚基因，因为中亚基因在扩张中被当地居民的基因稀释了。增长的人口规模增添了印欧人的优势，正如贾雷德·戴蒙德在《枪炮、病菌与钢铁》一书中写道："更大的区域或人口数量，意味着更多潜在的创造、更多相互竞争的社会、更多可采用的创新以及更多采用和留存创新的压力，因为那些没有这样做的群体都被对手干掉了！"

其次，这群人有着基因上的优势。由于长期与驯化的牛、羊、马一起生活，原始印欧人的基因发生了一个关键位点突变，乳糖酶基因 C/T－13910 位点高频率出现，人类学家称之为"乳糖耐受突变事件"。结果，原始印欧人所豢养的牛、羊、马不但能为他们输出能量（耕地、运输货物），还能为他们提供高质量的蛋白质（牛奶、羊奶、马奶），于是养牛的主要目的不再是为了吃肉，而是为了喝奶。"这是一个意义重大的转变，因为制乳比养牛取肉更高效。制乳的畜牧者在同一数量的土地上能收获更多高质量的食物，每英亩①可以获得 5 倍的卡路里，所以印欧人中更高概率的乳糖耐受突变使得他们的土地承载量（人口）大幅上升。"对此，格雷戈里·科克伦直白地评论道："原始印

---

①　1 英亩 ≈ 4 046.856 平方米。

欧人在同样数量的土地上能养育更多的武士,而这正是扩张的秘诀。喝牛奶的印欧人具有绝对的竞争优势,应该很快就散布到整个大草原上了。"

然后,基因优势重新塑造了原始印欧人的社会。在农耕时代,原始印欧人像其他地区的农民一样,固守在自己的家园和土地上,修建城墙、农田灌溉系统和房屋。但是牛群越来越多以后,他们渐渐放弃了谷物种植,从而重新获得了狩猎-采集祖先的那种机动性。这种优点在防御农业帝国入侵以及入侵农业帝国时,大放光芒。

公元前 512 年,波斯帝国的大流士大帝正式入侵南俄罗斯草原。然而,他很快发现印欧人并不像他的农耕子民一样,他们很轻松地放弃了自己的家园和村庄,驾驶着马匹,驱赶着牛群,退入茫茫草海。大流士大帝意识到,帝国的入侵并不会收获多少利益,于是他在遭遇重大损失之前英明地鸣金收兵,战略由进攻转为防御。但在西欧、北欧和南欧的广大地区,原始印欧人的扩张没有遭到波斯帝国那样大规模的反抗,他们的基因开始渗透进欧洲的基因库。此前,乳糖耐受突变在欧洲很罕见,但此后,这一基因突变成了主流,在北欧某些地区,该基因的突变概率高达 100%。考古学家马丽加·金芭塔丝(Marija Gimbutas)这样总结印欧人及其语系的成功扩张:"印欧人在俄语里叫'库尔干人',生活在黑海和里海以北的草原上。他们凭借驯马的优势,在公元前 4000 年从家园向外扩张。到了公元前 2500 年,这些牧民勇士的后代到达了英国和斯堪得纳维亚的远端,他们的语言演化成了今天从欧洲到印度的许多语言。"

\* \* \*

基因在我们看不见的地方进化,且一直在进行。统计发现,人类基因组上至少有7%的基因(大概是1 400个),是在最近的5 000年内进化出来的。首先,1 400这个数目很大了,原始印欧人的扩张可能就靠了一个关键的乳糖耐受基因突变,尼安德特人的灭亡也可能就败在包括 *FOXP2* 在内的几个基因上。人体就像一台极其精密的机器,通常一个关键基因的突变便会造成严重的疾病、残疾或智力障碍——迄今查明的人类单基因遗传病已有6 600~7 000种。

即使不考虑基因编辑等激进型主动进化手段,人类的进化也在发生。冰岛人的全基因组测序结果表明,现今的冰岛人身上已有数百个基因的表达模式不同于他们的祖先。如果一个冰岛人暴饮暴食,又不爱运动,身体质量指数(BMI)超过警戒线(30)的话,他可能很难找到婚配对象。因为根据一家学术机构的调查,冰岛人在择偶时会把对方的BMI考虑在内。一旦把基因编辑等技术考虑在内,主动进化在速度上将发生质的变化。

以往,只有极少数的人类(大约每1 000万中有1个)能天生抵御艾滋病病毒(HIV)和埃博拉病毒,这两种病毒均是目前已知的最强大的病毒。然而,两种病毒进入人体后,都需要干扰素刺激性应答基因

（*ISG*15）编码蛋白的协助,否则它们无法完成正常的装配和释放过程。这样,*ISG*15有缺陷的人类就不会感染这两种疾病,虽然这让他们更易遭受其他病菌的感染。未来,借助基因编辑技术的新人类,应该可以找到一种既能抵抗病毒,又能防范细菌的办法,进而天生"高人一等"。

这是一种非常大的诱惑。英国下议院健康与社会保障专责委员会的一项研究报告称,30年后超级细菌的致死人数将首次超过癌症和糖尿病致死人数的总和。如今,在80岁以上的老年人的死因中,肺炎或肺部感染占据第一。每年平均有25 000名欧洲人死于耐药菌株,而细菌的抗药性进化速度大大超过新型抗生素的研发速度,因为它们之间可以通过基因平行转移的办法获得抗药性。

在海啸来临之际,光着脚跑是无济于事的。面对绝境,"旧人类"可能不至于就此灭绝,但势必付出极惨痛的代价。那些搭乘更先进的工具先行一步的"新人类",将获得更大的生存空间,他们的后代将填充"旧人类"留下的生态位。而且,"新人类"可能会十分重视与强AI的合作,就像当初驯化了狗、牛、羊等动物的人类一样。实际上,他们本身就会成为内置各种电子芯片的"半人类"。过去,我们对自己血管里、内脏里发生的事一无所"见",但未来可以将微创磁共振成像传感器(MRI)和纳米机器人植入人体内,肌肉和心脏的活动、血液内含物的堆积、神经电路信号的传递,将全都在"新人类"的监控之下。

　　跟"旧人类"相比，除了强大的免疫系统之外，"新人类"最大的优势还有基于脑机接口的思想交流，以及超乎自然进化限制的跨物种合作，合作对象可以是"新人类"，也可以是智能机器人。您做好选择成为哪一方的准备了吗？

第二部分

# 主动进化的技术路线

# 第4章　人机结合未来图景

## 硅基生物

地球上的生命都是碳基生物（carbon-based life），也就是说，碳元素是我们生命的物质基础。一个有意思的问题是，硅元素在地球上的储量仅次于氧，有没有一种生命以硅为物质基础，或者以碳硅化学键的形式组建？

2016 年，美国加州理工学院的弗朗西斯·阿诺德（Frances Arnold）团队证明，一种来自温泉细菌（海洋红嗜热盐菌）的天然酶可以催化碳硅键（C—Si）形成。他们的工作贡献在于，通过向酶的活性部位引入特定突变，同时给酶提供含硅的前驱体，酶就可以催化碳硅键形成，这是一种在自然界可能从未发生过的定向进化（directed evolution）。显然，我们对一切这类体现人类自由意志的定向进化都是感兴趣的，生物化学家的工作为"硅基生物（silicon-based life）"的出现提供了一点理论可能。

　　实际上硅基生物的概念很早就提出了,早在 1891 年,德国波茨坦大学的天体物理学家儒略·申纳尔(Julius Sheiner)就系统地阐述过这一概念。有意思的是,比较早接受这一个概念的也是化学家。英国人詹姆斯·爱默生·雷诺兹(James Emerson Reynolds)认为,只要能解决硅化合物的热稳定性问题,硅基生物就不是天方夜谭。应该说,儒略·申纳尔的思想不但启发了化学家,更启迪了科幻小说家。但事实是,硅的氧化产物之一是二氧化硅,这是一种固体而非像二氧化碳那样的气体。难道有一种生物的呼吸产物是固体?它们将如何排出体外呢?在科幻小说家的作品里,这样的问题不是问题,他们设想存在像"石人"一样的硅基生物,他们的寿命也像石头一样长达上万年。这里,我们不讨论这个方向的问题,我们更感兴趣的是硅基生物演化的新方向,即由碳基生物制造的,但有可能超出其掌控的"硅基生物"或"碳硅基生物":强 AI 或赛博格(Cyborg)①。

　　先锋心理学家利克莱德(Licklider)认为,强 AI 似乎在不远的未来就会出现。那时的机器将拥有足以匹敌人类智慧和自我意识的能力。机器人与人共生的时期或许只会持续不到 20 年。关于赛博格,利克莱德从机械性延展方面阐述了这一概念:"机械性延展人(mechanically

---

　　① "赛博格"指半机器人、生化电子人。

extended man）是由机器控制的物种,会吸收个体,将其纳入一个集体意识中,它会一直说:'你将被同化'。如果我们关注这一系统内的人类操纵者,便会看到过去几年在某些技术领域,一种不可思议的变化已经发生。在某些例子中,特别是一些以计算机为中心的大型信息和控制系统中,人类操纵者主要负责的是那些无法实现自动化的功能。"

## AI 会是威胁吗?

今天,已经面世而且热销的 AI 助手让我们意识到,世界似乎在朝着利克莱德警示的方向发展。能够与人类进行语音交互的设备已经出现,它们注定将不断进步。也许有一天,它们将具有"人性";更进一步,它们将具有马文·明斯基所说的"自我意识"。

2011 年 10 月 5 日,前苹果公司 CEO 史蒂夫·乔布斯去世。就在他去世前一天,苹果发布了 iPhone 4S,这款新手机搭载了一款叫 Siri 的语音助手软件。乔布斯非常看好 Siri,事实上就是他推动苹果公司花费 2 亿美元,收购了开发 Siri 的公司,并把 Siri 项目负责人变成了苹果公司的一名工程总监,后者此前是美国国防部高级研究计划局（DARPA）与斯坦福研究所合作的 CALO 计划的负责人。然而,也许是乔布斯去世得太早了,没有了这位天才的推动,Siri 在商业上并没有亚马逊旗下的语音助手 Alexa 成功。截至 2017 年底,全球已安装了超过 4 000 万台搭载有 Alexa 的智能音箱,2018 年底这一数字突破 1 亿。《人类的终极命运:从旧石器时代到人工智能的未来》一书的作者乔治·扎卡达基斯(George Zarkadakis)曾预言:"不久的将来,我们就要和自己的家、汽车、家具说话了。"事实上,亚马逊的 Alexa 早已经可以和人类进行对话。

一个儿童用含糊不清的童音就可以指挥 Alexa 播放他喜欢的动画片音乐,足以证明 Alexa 有超高的唤醒率以及超强的语音识别能力,在听到唤醒词后便自动启动,后来又迭代了语境呈递(contextual carryover)功能,也就是"记得"此前的对话而无须再次输入唤醒词。历史学家沃尔特·翁曾这样写道:"语言出自血肉之躯,并让一个个血肉之躯相互感知彼此的意识,互认为人。"因此,对一名生于 2010 年后的人类来说,能与人类进行语言交流的 Alexa 就是家庭成员之一。研究表明,大脑尚在发育中的儿童把智能音箱当成了伙伴,他们甚至会因为后者的"不理睬"(如没电或坏损时),而陷入悲伤,就好像冷落他的真的是一个"活生生"(这取决于我们如何定义"活的、有生命的"这些词汇)的人类。对成年人来说,类似于 Alexa 的智能入侵也在悄悄发生,它如今已能兼容数以万计的智能家居设备。

但是 Alexa 并不是人类,它只是运行在亚马逊生产的 Echo 音箱上的程序而已。只不过,这种虚拟的程序不止可以帮助我们查询天气,预定航班,搜索附近的美食、购物中心等,还可以充当许多行业的

"专家"。比如"AI 医生"可以诊断皮肤癌或白内障的医疗图像,用基于数百万人的医疗图像训练成果,来告诉你前胸的痣到底需不需要担心。也许你厌恶过这种被"监控"的生活,但你越来越无法抵抗 AI 的入侵。过去,在互联网时代想要躲避 AI 的入侵,只需要关机或切断电源即可,但是现在即使你这么做了,离开办公楼,你的个人数据仍然运行在云端。当你接到一个定向推销的电话时,一定不要惊讶是谁泄露了你的隐私。然而,我们无法与 Alexa 分享"孤独"或者"悲伤",即使她说:"我要是有胳膊就好了,那样我就可以给你一个大大的拥抱!但现在我可以讲一个笑话或者放一首歌,你会不会感觉好一点?"但这只是一种设定好的算法。有快乐的事情需要分享时,你仍然会去寻找一个真实的人,而不是一台白色的音箱。

问题又回到了原点,即未来的 AI 会不会产生感知这一切的自我意识呢?理论物理学家加来道雄在《心灵的未来》一书中重复了明斯基式的警告:"机器最终获得与人类智慧相匹敌的自我意识只是时间问题,没人知道这什么时候发生,但人类应该做好准备,迎接机器意识走出实验室。"这里,"与人类智慧相匹敌的"机器意识到底能不能实现,我们将在下一章详细讨论。但这一章我们希望引出这样一个观点:机器的威胁并不遥远。机器无须进化到现代人的智能,它只需进化到类似于原始智人、尼安德特人甚至一头老虎或狮子的"智能",就足以对人类社会造成威胁。毕竟,达·芬奇手术机器人将为我们做手术,其他的 AI 将驾驶汽车载着我们行驶在高速公路上,甚至管理着核电站的冷却设备,即使它们只有"野兽般的意识",也足以酿成惨剧。

## 北上的蟋蟀

碳基生物的演化逻辑以行为的重塑为特点,即在急剧变化的环境中,碳基生物通常选择集体迁徙来应对。不管是蟋蟀还是独角鲸,当气候变化时,它们都不得不向下一个家园迁徙。让我们用蟋蟀作为例子来说明绝大部分碳基生物的演化逻辑。

这种有翅亚纲的小生物一共有 1 400 多个品种,它们已经在地球上生存了 1.4 亿年,远比人类的演化史悠久。一般来说,雌蟋蟀的生活是这样的:雌蟋蟀的腹部末端有一根产卵管,每年秋季会插入泥土里产下越冬卵,等到第二年的春天便孵化成若虫。这些若虫养精蓄锐 1~2 个月,会蜕皮 6 次成为蟋蟀。然后,它们会充分享受一个秋天的"幸福时光",并在秋末产卵而亡。也就是说,这种对农业有害的昆虫一年只活 1 代。但是,对日本南部的一种斑翅灰针蟋来说,一年中温暖的天数足够多的话,它们可以连续繁衍 2 代。基于此,日本京都大学的研究人员就想到一个问题:既然全球气候在变暖,那么每年存活 2 代的斑翅灰针蟋的生存纬度会不会往北移呢?

研究人员找到了一份 20 世纪 70 年代的统计资料,上面有斑翅灰针蟋的分布范围数据。随后,他们在日本从南到北的多个地点取样,捕捉斑翅灰针蟋,并估算它们的生存范围。结果表明,与 40 年前相比,这种斑翅灰针蟋的生存纬度变得更高了,平均高出 1~2 度。换句话说,气候变暖对斑翅灰针蟋是一桩好事,这使得它们的生存范围向北扩大了 110~220 千米(每 1 纬度地理跨度大约为 111 千米)。瞧,这就是蟋蟀的生存策略:虽然昔日凉爽地区的蟋蟀数量减少了,但更耐热的另一种蟋蟀来了,它们补充了生态龛,于是一个品种灭绝,但另一个品种仍然繁荣昌盛,这就是为什么蟋蟀的品种有 1 400 多种。动物和昆虫正是要用不同的基因型亚种去适应全球各地不同的环境。于是当全球性气候灾难发生时,总有一部分亚种可以逃脱厄运,并在灾难过后迅速扩张,因为能与它们竞争的物种可能都灭绝了。有一个笑话讲的正是类似的道理:一艘轮船撞上冰山沉没,对船上的人类来说无异于灭顶之灾,但对船上厨房里的海鲜来说,那就是生命的奇迹。

然而,人类的演化策略比动物的高级多了。

解释人类进化的主流理论是基因-文化协同演化学说。也就是说,人类为了适应温暖的低纬度气候,并不需要进化掉身上的毛发,只需要脱掉臃肿的衣服就够了;相反,为了适应寒冷的气候,人类也不需要重新进化,只需要穿上一件厚厚的棉衣,在大雪封路的深夜不再外出,待在温暖的空调房里就够了。还记得我们此前提到的尼安德特人的灭绝吗？原因之一是他们太偏食了,肉食占据了他们饮食结构的80%之多！而智人几乎什么都吃,从草本植物、鱼类、贝类到肉类。而且,食谱多元化可能正是智人大脑功能远胜过尼安德特人的一大原因。

基因-文化协同演化学说预测,只有精通社会学习和创新的物种,才能表现出高超的捕食技巧和使用工具的水平,享有更丰富的食谱和更长的寿命。人类学家凯文·莱兰评论道:"是人类自己驯化了自己。"另一位人类学家托马斯·苏登多夫则补充道:"嵌套场景的构建使我们能想象别人的处境和道德困境。更有甚者,我们可以直接创作一个虚构的故事,来反思各种可能性,并将其嵌入各种尚未发生的宏大场景中去。"正因为如此,比气候变化更令动物不安的是人类的不断演化,因为只有人类这种捕食者既贪得无厌,又懂得事先在麋鹿群可能经过的每一条山路上都埋伏下陷阱。这种对不确定性的认知能力,人类在4岁左右就已具备。

## 埃塞俄比亚狼

让我们继续讲一个演化上的真实故事。

2017年,两位考古生物学家在沙特阿拉伯西北部的岩洞里,发现了一组距今 8 000 多年的壁画,描绘的是人类与一群狗共同狩猎的场景。有意思的是,壁画上的狗脖子上大都拴着绳子,这应该是最古老的"狗绳"记录了。据统计,当时居住在这两处岩洞中的人类分别画了 156、193 条狗,而且涉及多个品种,其中一种酷似迦南犬,即一种迄今仍生活在中东人类世界的犬科动物。人类与数百条狗杂居生活的话,这些驯化自狼的动物必须对人类足够温顺,攻击性足够低才可以。事实上,包括狗、圈养狐狸、猪(它们的祖先是攻击性强的野猪)在内的驯化物种都是比较温顺的,它们的耳朵耷拉,鼻子更短,毛色也比野生物种更浅。

　　达尔文在 1868 年把这种变化命名为"驯化综合征"。现代神经嵴细胞假说则认为,人类总倾向于选择攻击性低的个体进行驯化,它们的肾上腺素水平更低,从而造成了外观表型上的发育变化。狗的优势可不止温顺一条,它们已经进化到像马、羊一样,可以记住人类的面孔,同时还能"听懂"人类的语言、"读懂"人类的表情。功能性磁共振成像(functional magnetic resonance imaging,fMRI)的扫描结果表明,狗的大脑既可以对主人说话的语气做出响应,也能分辨出褒义和中性词汇的区别,甚至可以从主人的汗液中嗅到"情绪",那些闻到看过恐怖片的观众的汗液的狗,心跳会加快,并更多地表现出寻求人类安慰的倾向。两个关键基因的突变——*GTF2I*、*GTF2IRD*1——使得狗变得亲近人类。人类如果发生类似突变则会罹患威廉姆斯综合征,患者极其外向,与他人连接意向显著增强(因此容易感觉孤独),并常常伴随先天性心脏病、高血压以及智力障碍。

狗为我们带来快乐和健康,反过来也是。瑞士卡罗林斯卡医学院的研究发现,家中养狗可以降低人类孩子罹患哮喘或过敏的风险,养母狗的效果比养公狗好16%,养两条狗的效果也比养一条狗的好,且以上效果与狗的品种无关。而狗与主人对视时,其后叶催产素的分泌量会增加,这种可以增加亲密感的激素在狗的尿液中就能检测得到。此外,边境牧羊犬仅仅观看人类的笑脸照片,它们的大脑颞叶区就有强烈反应。在生育方面,狗相较于只在春天繁殖的狼也有了新的变化,它们变得像人类一样,一年四季都可以繁殖。美国宾夕法尼亚大学的玛丽·博兰(Mary Boland)博士研究了253个品种、130 000条狗的数据发现,那些在4月和5月出生的狗(就像它们的祖先狼一样),罹患心脏病的风险是最低的,比整体平均水平低了20%~27%;而那些7月和8月出生的狗,罹患心脏病的风险高达44%和33%。尽管如此,一年繁殖多次的进化优势还是非常之大。时至今日,狗的数量与人类数量之比大致为1∶10。以中国为例,狗的总数大约为1.3亿只,而狼却只有约3.5万只。

从适合度收益来看,那些基因组发生了更多社交性突变的狼,走上了一条光明的、与人类合作的演化道路。有意思的是,一部分狼似乎正在重走祖先亲近灵长目动物的演化道路。

在埃塞俄比亚草原,当地特有的埃塞俄比亚狼竟然可以自由进出狮尾狒的族群,要知道,它们之间可是捕食者与被捕食者的关系。然而,美国达特茅斯学院的研究人员在连续追踪了这 2 个物种群体 18 个月后,得出结论:那些隐藏在狮尾狒群中的埃塞俄比亚狼十分克制,它们仅仅利用狮尾狒的掩护去袭击草原上其他的啮齿类动物,并不会对狮尾狒造成威胁,后者似乎也明白这一点,它们有时会帮忙把猎物从洞穴中驱赶出来。

统计发现,狼在有狮尾狒协助时的狩猎成功率高达 67%,远高于那些单独行动的狼。但是,合作是有前提条件的,一旦进入狮尾狒群的狼有伤害狮尾狒幼崽的举动,它们就会被成年狮尾狒群起攻之,并被驱赶出去。研究人员认为,埃塞俄比亚狼与狮尾狒之间的互动,可能类似于狗被驯化的机制。一些狼由于基因突变,放松了对智人的警惕,开始游荡在智人营地的四周,并最终融入了智人社会。考古学证据表明,1 万年前的人类曾像埋葬自己的家庭成员一样埋葬死去的狗。这种习惯一直保留到了现代社会,有时候人们还会为死去的“人类的朋友”塑像。

埃塞俄比亚狼的故事,会给你怎样的触动呢? 我们认为,类似的故事可以启发人类思考:在一种可以主导进化方向的力量面前,合作比对抗的结局要好。如果有协同进化的机会,人类有什么理由拒绝呢?基因-文化协同演化的证据比比皆是,跨物种的协同演化也证据多多,

**跨物种的合作,让一部分物种进化为新物种**    如图 C 所示,狮尾狒对捕食者埃塞俄比亚狼建立了信任,允许它们出入自己的族群。未来人类一直防范的机器人,很可能也会广泛进入人类的家庭生活,因为这种合作对人类来说有最直接的收益。

图片来源: Venkataraman V V, Kerby J T, Nguyen N, et al. Solitary ethiopian wolves increase predation success on rodents when among grazing gelada monkey herds。

不然如何解释全人类的文明中都有狗的身影?所以,我们的新问题是:在日趋强大的 AI 面前,我们选择合作或联合的话,最终结果会怎样?

## 机器与人类

1959 年,一篇由神经生物学家沃伦·麦卡洛克(Warren

McCulloch)等人写就的论文揭示了青蛙的眼睛及其视觉系统并没有原原本本地反映现实,而是重新构建了"现实"。这是很有意思的发现,原来高级动物的大脑并不是像水面一样倒映岸上的风景,而是有所扬弃地构建它们以为的"现实",在此过程中大量的环境信息都丢失了。此外,脑科学家迈克尔·加扎尼加(Michael Gazzaniga)以漂亮的裂脑人理论告诉我们,人类大脑也只是在构建"现实"而已,那些进入视觉系统的生物电信息,只有一部分到达了意识中心(假如人类意识只有一个中心的话);同时,为了及早对环境信号做出响应,大脑还会"脑补"画面,所以走夜路的人会把前方摇晃的树影当成向自己逼近的动物或人类。

这些发现给了一些研究人员信心。

既然人类大脑也只是在"仿真"世界,那么制作出机器智能来"仿真"大脑,或者达到与大脑同等保真度的"仿真"效果,在理论上也是可能的。许多灵长目动物都拥有一定的智能,而且高等智力在四个不同的灵长目群体中是独立演化的,这四个群体分别是僧帽猴、猕猴、狒狒和类人猿。与人类相似,其他灵长目动物也演化出了面积更大、连接更好、容量更大的皮层以及小脑,它们也能完成受大脑控制的精确动作。比如,黑猩猩可以像人类一样把毛巾没入水塘浸湿,然后双手各持一端,把毛巾拧干之后再擦脸。另一项研究表明,一头雌性黑猩猩有回忆的能力。这种能力在文化驱动学说的科学家看来,只有人类才拥有。回忆需要两种高级思维能力,一种是记忆,另一种是构建嵌套场景的能力。两种能力结合才能进行思维时间旅行,也就是想象未来和回忆过去。那么,黑猩猩可以办到的事情,未来的 AI 会办不到吗?人类似乎有充足的理由提防 AI,因为未来将有太多的智能设备由 AI 操控。对于一只经过深度训练的黑猩猩仍然不可以放松警惕,因为理论上它仍有表现出野性的可能。AI 的核心算法是基于概率的,理论上一种特别的输入将会导致错误的输出,那样就会把虚拟的错误转换成物理世界的灾难。

乔治·扎卡达基斯这样写道:"AI 技术和任何其他技术都不一样。它连接了巨量的数据和知识,可以随意访问数十亿台智能设备,这将控制人类生活的方方面面。AI 系统有可能变为一切事物的终极掌控者。智能计算机充当我们的服务器,可能会一下子变成我们的主人。AI 对社会的影响是巨大的,而且很可能是难以预料的。实际上,还有一些人更进一步,他们警告说超级 AI 会威胁人类的生存。"对这些人来说,AI 会不会杀死我们并不是一个无聊的问题。

\* \* \*

加来道雄曾这样总结:"从历史上看,每一个新的科学发现都会伴随出现一种新的大脑模型。"对应地,每一种新的大脑模型似乎都在告诉当时的人类:很可能除人类以外的物种或物体同样有像人类一样的智能,它们将威胁人类的安全。

在达·芬奇时代,机械装置的流行让这位伟大的发明家猜想人类的大脑就像一台精密运行的机器,靠类似机械齿轮和传动装置运行。到了 19 世纪末,西格蒙德·弗洛伊德猜想人类大脑是一个类似于蒸汽发动机的装置,自我、本我和超我三种力以彼此竞争的方式流动。电力进入人类生活后,大脑又被当作一个超级复杂的电话线网。玛丽·雪莱在日记里记下了她做的一个梦,梦中她看见了一个后来载入西方文学史与机器人史的"怪物":"我看到这不洁魔法的苍白学徒,跪倒在他制造的东西面前。我看到一个男人丑恶至极的魅影挣扎欲出。之后,在一股强大动力的作用下,他显现出生命迹象,以半生半死的怪相动了起来。这是多么的恐怖!人类努力模仿造物主不可思议的能力,结果只得到极致的恐怖。"

玛丽·雪莱之所以会做这样的噩梦,很可能是睡前听了太多超自然的故事。1816 年,19 岁的玛丽·雪莱及其丈夫大诗人雪莱,来到了位于瑞士日内瓦湖畔的迪奥达利庄园休假。同行者还有拜伦及其女友、波利多里(史上第一个吸血鬼故事的作者)。这些人为了消磨时间,整晚地讨论生物电流刺激青蛙肌肉运动的实验,并分享超自然的故事。拜伦在陈旧的状元图书馆发现了一本恐怖小说《死人的寓言》,他提议每个人都写一篇与超自然相关的故事。其中,玛丽·雪莱就在做过那个梦之后,写下了《弗兰肯斯坦》。书的主角弗兰肯斯坦是一个由人类制造出来的怪物,由墓园中的尸块拼接而成。在电流的刺激下,弗兰肯斯坦活了过来。"一开始,这个生命聋哑而盲目,但是他很快学会了聆听和观察人类。随着时间推移,他变得聪明,能说会道,有了文化。到了文化上自我觉醒的状态,他理解了自己是有生命的,开始要求享有人类也有的权利。首先而直接的是,他要求生育,他恳求他的创造者为他制造女伴,并承诺会远离人群独自生活。"故事最后,弗兰肯斯坦的要求没有得到满足,他因此发了狂,开始报复人类。在杀死他的创造者后,他潜入了遥远的北方夜色。玛丽·雪莱不知道如何再写下去,但她清晰地表达了这样的思想:我们对"怪物"有天生的抗拒感,即使我们同情他们,也绝无可能真正爱上"怪物"。

在后世研究弗兰肯斯坦的人看来,弗兰肯斯坦的名字完全可以替换成计算机、机器人或 AI。在 1970 年上映的电影《巨人:福宾计划》中,男主角设计制造的超级计算机"巨人",在启动以后也像弗兰肯斯坦一样有了自我意识,并与另一台超级计算机建立了联系,它们计划杀死人类,然后统治全世界。令玛丽·雪莱意想不到的是,在电影《她》和《机械姬》中,人类都爱上了 AI 角色。其中,《她》中的 AI 只是一个声音,甚至连人性都不具备;《机械姬》中的女机器人有人类的面孔,但从一开始就计划利用人类的感情。

## 应该担心什么？

现实中,弗兰肯斯坦、超级计算机"巨人"都还没有出现。

好莱坞拍摄了大量想象机器人统治世界的电影,如《黑客帝国》系列、《终结者》系列、《机器公敌》《人工智能》等。在这些电影的设定中,高级智能或自我意识更像是被封印在碳基或硅基躯壳中的"灵魂",只要达到特定的外界条件(譬如给一堆碳基腐肉通电、把硅基躯壳组装成人形或点亮芯片),灵魂就会涌现。电影《异次元黑客》说得很直白:人类很可能一直活在计算机虚拟出来的世界里。导演约瑟夫·鲁斯纳克的思想可以追溯到一位伟大的哲学家勒内·笛卡尔。笛卡尔"意识"到人类现实有可能只是一场梦境,我们并不知道眼前的一切都是虚幻。可能存在一个无比强大的恶魔,出于邪恶的目的,制造出了我们眼睛看见的、知觉感受到的、大脑记忆的一切。应该说,这些电影的底层思想,其实都是把人类大脑看成一台计算机,只不过是超级计算机罢了。这里,导演和编剧们认为超级计算机是无所不能的,人脑的工作原理大抵与它相似。因此,也许人类的意识就是860亿个神经元相互连接(就像计算机的二极管相互连接一样)而涌现的结果。正是这些思想,催生了各种各样的电影、小说或其他艺术作品,它们像长了手脚的怪物一样,潜入我们的梦境,让我们活在类似于玛丽·雪莱的噩梦中。沃卓斯基姐妹在《黑客帝国》中想象,当 AI 统治世界以后,可怜的人类成了一块块人体电池,为它们提供源源不断的动力。一旦有人类察觉到自己正活在由 AI 构建的世界里,它们就会派出数不尽的黑衣杀手,对"觉醒"的人类赶尽杀绝。

从达·芬奇时代的第一具机械式机器人,到 IBM 开发的"深蓝""沃森"以及谷歌研发的"AlphaGo""AlphaGo Zero",它们都没有涌现出智能。虽然它们的运算能力早已把人类远远抛在身后,但是这些机器人或 AI 程序仍完全掌控在人类手中。即便如此,斯蒂芬·霍金和埃隆·马斯克仍然认为人类应该停止无限制地发展 AI,他们认为 AI 将很可能摆脱人类的控制,重新思考、评估自己的功能。"目前唯一让我们免于灭顶之灾的原因,是 AI 还没有宏大的目标。"IBM"沃森"机器人的平台顾问阿米尔·侯赛因担忧拥有一定智能的 AI,可能在一部分人类的操控下毁灭另一部分人类。

眼下,这种"毁灭"似乎从经济学领域先开始。未来学家阿尔·戈尔评估,无人驾驶汽车的普及仅在美国就可能造成 300 万个工作岗位的减少。普华永道则认为,AI 的普及将导致全美国的工作岗位在 2030 年减少 38%。一篇来自英国牛津大学的论文估计,AI 可在未来几十年内取代 47% 的人类工作。与此同时,美国经济学家泰勒·科文推算,未来劳动人口中只有 10%~15% 的精英可以掌握 AI 技术,这将让他们变得极其富有,他们就是我们此前提及的"超人类"。"超人类"很可能与强 AI 结盟,模式可能类似于人类与猎犬、律师或股东合伙人,总之他们的联合体才是世界的新主人。

上述这一切究竟有可能成真吗?要回答这一问题,我们必须回顾 AI 的历史,并看清楚它到底能做什么,不能做什么。同时,我们必须不断评估再造一个人类身体或大脑的可能性,尝试看清碳基-硅基联合体最可能的样子。就在您阅读这一行文字的时候,这个世界上有许多实验室正在为制造超强 AI 而努力,他们已经把霍金和马斯克的警告抛之脑后,并相信"人工智能实验室的大门向生命、演化和混沌敞开"——这已经是不可阻挡的大势所趋。魔瓶已经打开。

# 第5章　人工智能历史回顾

## 什么是心智？

在讨论 AI 的话题之前,我们有必要了解一点定义心智(mind)的故事。心智,一般是指人类认知自我、认知他人以及认知世界的能力。即使这个定义太过于宽泛,简单的定义仍是必要的。科学规律往往就是这样,我们想要改造自我、改造世界,但在此之前,必须首先看看我们的研究对象是什么,再看看我们的"工具箱"里有什么。

实际上,人类的心智一直是研究的热点,但要对心智下一个准确的定义似乎比较难。史蒂文·平克有一个广泛性的定义,我们这里可以借鉴一下,即"心智就是人类大脑会做的事情"。有了这个定义,心理学家便可以开展研究工作,平克称之为"心智的反向工程",也就是根据人类大脑的结构与功能来反推它们有什么用。这理解起来可能有些难度,但你只需要知道,这样的研究范式有助于研究人员去反推得到心智的演化路径,进而努力搞清楚"到底什么是心智"。但动物学家曾经选择了另外一条探索心智的道路,即求诸人类的高等灵长目"近亲",如黑猩猩、大猩猩等。托马斯·萨顿多夫(Thomas Suddendorf)建议绕过心智的定义,依靠行为学实验来研究它。心智是一个微妙的概念。我们只能假设其他人有着和我们类似的心智——充满信念和欲望,我们只能靠推断来猜测这些思想状态。我们看不到它们,也无法感知或是触摸它们。类似地,我们可以依靠行为来推断动物的心智。读懂了萨顿多夫这句话,你大概就明白了为什么那么多动物学家执着得像养育人类婴儿那样抚育黑猩猩或大猩猩的幼崽。他们期望从中获得关于人类语言、心智起源的秘密。

大猩猩可可(Koko)的故事就是其中一个最典型的例子。

在可可的故事之前,早在 1951 年,美国人海斯夫妇就把一只雌黑猩猩当女儿一样养育,并给她取名"维基"。海斯夫妇让维基跟他们 2 岁的女儿在一起生活,并一起接受语言方面的学习。他们假设,如果黑猩猩接受人类的关爱和教育,也许可以像人类一样拥有一定的语言能力和心智能力。他们的实验当然失败了。当维基只会说几个简单的英语元音,并导致他们女儿的语言能力发育减缓后,海斯夫妇终止了实验。此后,美国人林·迈尔斯又领养了一只雄性红毛猩猩,取名"夏特克(Chantek)"。与海斯夫妇的思路略有不同,迈尔斯的目标是探索夏特克的手语交流能力的极限。她同样把夏特克当孩子一样抚养,甚至把他带到自己的人类学教室,让他像其他大学生一样听课并接受考试(辨认颜色、使用工具等不太复杂的认知类任务)。据说,夏特克在 20 年长期计划的末期,已经掌握了 150 多种手语词汇,他可以回答迈尔斯的简单提问。比如,问他"邻居家的狗在哪里",夏特克会指向狗所在的位置。还有,夏特克被训练得可以使用货币来进行简单的商品交易。这一点是可信的,因为在后来的灵长目动物实验中,人们发现它们确实可以学会使用"虚拟等价物"。但除此之外,再也没什么惊喜了,夏特克会做的事情远远没有超过一个三四岁的人类孩子。

* * *

可可的故事几乎与此同时发生。1972 年,25 岁的斯坦福大学心理学博士生弗朗西丝·帕特森在旧金山动物园见到可可时,这只西部低地大猩猩只有 1 岁。比较起来,西部人猩猩与人类虽然同属灵长目人科动物,但不如黑猩猩、倭黑猩猩与人类的亲缘关系近。这种身高可达 170 厘米、体重可达 170 千克的大型动物,看起来并不像能发展出高级智能的样子。但帕特森不这么认为。她利用斯坦福大学支持的大猩猩手语项目,与可可有了长期接触。1976 年,帕特森终于筹措了数千美元给可可"赎身",并把她接到了自己的家中,从此像照顾和教育自己的孩子一样对待可可,就像她的学术同行海斯夫妇、迈尔斯一样。

在美国加利福尼亚州雷德伍德城,帕特森专门为可可成立了一个基金会,从此开始了长达 42 年的、针对类人猿的语言研究。她认为,每一个看过《怪医杜立德》的孩子都会好奇,人类到底能不能和动物说话。帕特森说,她第一次见到可可的时候,这只温柔的大猩猩已经能听懂约 200 个英文词汇。经过长期的手语训练,可可能做出1 000 多个手势,并能理解 1 000 ~ 2 000 个英文词汇。有时候,一头金发的帕特森会手持一张平板电脑大小的卡片,俯身询问坐在一堆玩具中间的可可的心情,后者用手指在卡片上指出给一天的心情打的分数。这听起来很有意思,所以可可像夏特克一样迅速成为电视动物明星,只不过可可的名气大得多。

2015 年,英国广播公司(BBC)曾有机会连续一个月跟踪拍摄可可的日常生活。在他们拍摄的素材中,可可像一个三四岁的人类孩子。事实上,帕特森每年 7 月 4 日都会给可可办生日派对。这一年可可已经 44 岁,远超过了野生同类的寿命。她收到了帕特森送的 T 恤,在帕特森的帮助下吹灭蜡烛,与人类分食生日蛋糕,自己拆开礼物。如果毛发杂乱,她还会对着镜子自己梳头,并对着镜子检查嘴巴上是否有蛋糕残渣。帕特森认为,她做到了让可可像一个人类孩子一样与自己交流。“感觉真的像发生了某种奇迹,当然这并不是人类第一次登月的那种奇迹,但感觉是很相似的。她与人类似乎建立了某种桥梁,真的有人可以与动物交流,动物还能给予反馈。”帕特森称,可可会主动用手语向她索要东西,还与她建立了情感上的联系。从每一个意义上来说,她和丈夫都认为可可是他们家庭中的一员,似乎可可也是这么认为的。1986 年,可可"收养"了一只幼猫,并给它取名"圆球"。后来,"圆球"不幸死于车祸,可可表现得十分悲伤,并用手语对帕特森表达道:"猫""哭""抱歉""可可""爱"。帕特森称她和可可讨论过生死问题,当被问到动物死了以后会去哪里时,可可用手语告诉帕特森:"一个舒服的洞穴。"这些在帕特森看来,就是可可拥有自我意识和一定高级心智的证据。可可知道自己叫"Koko",而且曾经称呼自己"好、大猩猩、人类(fine、gorilla、person)"。还有一次,她调皮地把帕特森的鞋带系在一起,然后用手语告诉帕特森"追赶(chase)"。然而,这些在帕特森的学术同行看来都不足为据。

灵长目动物行为学家赫布・特勒斯(Herb Terrace)认为,不管是帕特森的可可,还是他本人领进家抚养的黑猩猩尼姆,都不存在有意识的交流倾向。她认为,可可所做出的动作不过是模仿人类教给她的动作罢了。"在第一个为期三年的实验中,我相信尼姆能够使用手语,我写了一篇论文,题目是《一只黑猩猩能否写出一个句子?》(*Can an Ape Create a Sentence?*)。但有一天我参观了一个实验室,我看到一段之前看过很多次的录像,那是我第一次看出来是人类老师在提示尼姆做手语。那么,尼姆所会的手语就有了一个简单的解释:它不过是在对老师的提示做出回应。这成了一场幻梦,令我全面崩溃。"

特勒斯的结论更符合实际。

首先,这些高等灵长目"近亲"的抚育实验都进行了数十年,都是研究人员把它们领进家,像对自己的孩子一样抚养、教育,但最终它们都没有像人类孩子那样迅速"变得像人类一样"。其次,实验物种涉及黑猩猩、红毛猩猩、大猩猩,它们都没有学会说话。事实上它们也不可能像人类那样说话。它们都没有人类的喉部肌肉构造和神经结构基础,它们的喉部位置偏高、喉腔更小、口腔形状也更长而扁平,这些都决定了它们的发声方式是不同于人类的,也发不出人类语言中的大部分元音和辅音,最多只能发出"咕噜咕噜"的声音。至于能"听懂"人类的语言,就更没有什么稀奇了。fMRI 大脑扫描结果表明,狗也能"听懂"人类的语言,比如主人发出跑的指令,它们大脑中与运动有关的区域便被点亮,表示它们"清楚"主人的意思是让它们奔跑而不是卧倒。然而,我们并不能说狗具有像人类那样的心智,那不过是长期训练的结果。特勒斯认为,它们(黑猩猩和大猩猩)可以和人类建立情感纽带,它们看你的眼神与婴儿看你的眼神是类似的,感觉就像你们发生了灵魂上的交流,所以你会假设它们能理解你的话,就像一个人类孩子一样。但事实是,猿类根本不知道人类这种生命是怎么想的。

所以说,灵长目动物学家或人类学家的这些抚育与教养实验,只是消除了人类的一些执念,对于真正解决什么是心智、为什么只有人类才有心智帮助不大。今天,关于灵长目动物认知发育的论文层出不穷,市面上依然有类似于《为什么我们不会说话?》这样的畅销书存在。但靠动物行为学实验,恐怕远不足以解决实质性问题。此外,我们还知道,除了人类之外,地球上没有任何一个物种的大脑能进行艺术性的创造活动。

动物学家清楚,有的物种,如蚂蚁、蜜蜂、水獭也可以搭建符合工程力学的建筑,可它们从来不会在巢穴旁的土地上作画,但人类会。乔治·扎卡达基斯曾充满深情地描述一个出土于大约 35 000 年前的德国西南部隆恩峡谷的微型雕塑,那是雕刻在 28 厘米长的猛犸象牙上的一个狮子人雕塑(Hohlenstein-stadel lion-man)。"那狮头机警地向前凝视,那耸立的双耳、蓄势待发的攻击姿态,还有运动员般阳刚的身躯,这一切都让我觉得无比熟悉。"扎卡达基斯的意思可以理解为,不管这尊雕塑的作者是谁,他一定是一个有着与今天的人类类似的心智的物种,也许人类演化出心智的起点就在 4 万年前左右。有意思的是,人们还在南非南海岸发现了约 7.7 万年前的古老岩画。说是岩画,其实是人类在赭石上刻画的三角形与菱形的几何图案。不管是 4 万年前还是 7.7 万年前,都足以说明人类的心智有演化的起点,确实存在"从 0 到 1"的飞跃。这太有宗教或哲学意味了。英国诗人约翰·弥尔顿(John Milton)写道:"造物主啊,难道我曾要求您用泥土把我造成人吗?难道我曾恳求您把我从黑暗中救出吗?"读明白这其中

94

的"创世纪"意味,我们大概就好理解为什么人们期望在机械、电力、晶体管等组成的"人造物"上,重现"从 0 到 1"的过程,再造一个新物种的心智。

## 人类大脑能做的,计算机都能做吗?

先说人类的大脑能做什么。

就像婴幼儿的大脑功能存在一个发育的过程,人类大脑的所有功能也存在一个演化的过程。考古学的研究表明,南方古猿的脑容量只有 400 cc,他们可以直立行走,并且会使用工具。能人的脑容量达到 800 cc,他们学会了用石器打造石器,而且还知道高超的石器加工技术可以通过反复练习获得。迁徙时,他们会带上这些石器,而不是像巴西卷尾猴一样随用随丢。能人知道到了另一块营地,这些石器依然有用。进步是渐进式的。能人的后代直立人的脑容量达到 1 250 cc,他们终于在 180 万年前,带着用黑曜石或玄武岩加工的手斧,第一次走出了非洲老家。直立人在不同的地理环境下演化的后代,比如尼安德特人、早期智人的脑容量进一步扩大,可达 1 750 cc 左右,与现代人类的脑容量相当。发展到今天,只有现代人类才会在峡谷面前思考,应该如何利用岩石、木材或钢材等其他材料来搭建一座桥梁;是做成拱式桥,还是做成梁式桥、钢架桥、悬索桥或斜拉桥,则取决于两岸的跨度和土质、水文条件以及当地的气候特点,大部分时候还要考虑经济效益。

换一个更大的尺度看。保罗·麦克莱恩(Paul Maclean)把人类大脑分为三个部分,他相信这三个部分是逐次进化而来的。第一部分称为"爬行类大脑",包括脑干、小脑和基底核,这些结构控制着平衡、消化、呼吸、心跳等,是生殖和生存所必需的。第二部分称为"哺乳动物大脑",是在爬行类大脑周围演化出来的一套系统,是人类适应群居生活的结果,比如海马体负责加工、存储记忆;杏仁核是产生情感,特别是恐怖情绪的地方。第三部分才是灵长目动物所特有的大脑皮层,它控制着高级认知行为,质量占大脑的80%,集结了大部分神经元细胞。如果这部分大脑发生损伤,人类并不会死去,但他的自我意识或人格可能发生不可逆的改变。对此,最经典的例子是盖奇案。1848年,美国佛蒙特州的铁路工人队长盖奇在排查雷管时,被因突然爆炸而冲出的铁钎击中。当时铁钎贯穿了他的颅骨和左侧颧骨,他的工友们认为他必死无疑了。但经过当地医生的简单治疗后(仅仅把铁钎拔出来,然后止血包扎),盖奇奇迹般地恢复了健康。然而,重新回到工地的盖奇变得异常暴躁,常常对工友出言不逊。即使给他安排最简单的工作,他也完成不好。在他死后,X 射线投射结果表明,盖奇的双侧额叶严重受损,前额叶皮质区空了一个大洞。所以,盖奇虽然在那场事故之后仍然活着,但一部分"他"已经死去,他的语言系统、情绪系统以及逻辑思维系统似乎都处在一种"无人驾驶"状态。

亚里士多德最早意识到,大脑的运行遵循某些规则,在动物身上如此,在高级皮层受损的人类身上也是如此。进化心理学告诉我们,正常人类的政治结盟、男性与女性的择偶偏好、联姻、抚育子女、谋杀与背叛等更高级和复杂的行为,均遵循着一套可以解释与预测的演化逻辑——有输入必有输出。经过数百万年的基因-文化协同演化,这些演化逻辑成了人类的本能,成了一种难以察觉的进化适应器(evolutionary adaptor)。它们让我们可以下意识地"按照正确的规则"处理问题,从长远看对我们大有裨益。莎士比亚笔下的夏洛克这样说道:"难道犹太人没有眼睛吗?难道犹太人没有五官四肢、没有知觉、没有感情、没有血性吗?他不是吃着同样的食物,他不能被同样的武器伤害、被同样的药物治疗吗?他冬天同样要冷、夏天同样要热,难道跟基督徒是不一样的吗?你要是用刀来刺我们,我们不是照样要出血;你要挠我们,我们不是照样要发笑;你要是用毒药来害我们,我们不是照样要死吗?那么要是你们欺侮了我们,我们难道不会复仇吗?"这里,夏洛克的行为逻辑与一台机器的运行逻辑多么类似:有一定输入,便有对应的输出,具体取决于人类大脑运行的道德算法或复仇算法。

那么,人类通过对机器逻辑规则的认识,便能认识复杂的人性吗?第二次世界大战前后,两位伟大的计算机大师阿兰·图灵(Alan

Turing)和约翰·冯·诺依曼(John von Neumann)分别创建了不同架构的、可以解决逻辑问题的电子机器。此后,查尔斯·巴贝奇(Charles Babbage)在前人思想的启发下,提出了现代计算机的架构,即硬件可以与软件相分离;同一个硬件上可以运行多种多样的软件,就像5亿年前起源的爬行类大脑能支持容量与功能不断扩展的新大脑一样。本质上,这仍然是一种柏拉图式的二元论思想。信息论与控制论大师克劳德·香农(Claude Shannon)深受这种二元论的影响,他与创造了弗兰肯斯坦这一文化符号的玛丽·雪莱类似,相信信息模式(软件、自我)可以从物质实体(硬件、大脑)中分离出来。他认为,离开了软件,硬件是毫无用处的,没有意识的大脑只能沉睡;离开了DNA,生物只剩下一泡化学汤。这种对生命和意识的计算机隐喻认为,形式或模式先于物质,定义了我们的后人类状态,也悖论式地预言了我们将能够把意识下载到计算机中,然后获得不朽的"数字生命"。

正是如此,香农等人相信人类大脑能做的事情,计算机都可以做,而且还将做得更好。这就是AI第一次兴起的哲学基础或"完美的计算机逻辑"。

## 三起两落

1956年,在美国新罕布什尔州的达特茅斯大学,沃尔特·皮茨、沃伦·麦卡洛克、马文·明斯基、约翰·麦卡锡、撒尼尔·罗切斯特以及克劳德·香农共聚一堂。

这些人对计算机的信心来自人类大脑与计算机的相似性。大脑有神经元,而计算机有二极管等元器件。沃尔特·皮茨与沃伦·麦卡洛克预测,逻辑门元器件可以模仿神经元,毕竟一个神经元的兴奋或抑制似乎只取决于上游的生物电信号。既然底层逻辑是一致的,那么大脑可以做的事情,诸如学习、回答逻辑问题、人脸识别、语音识别、自然语言处理(natural language processing,NLP)等,计算机都可以做。这些科学家太乐观了,他们继续做出如下推导。

计算机运行的速度远远超过人脑,而且这一速度的增长呈指数级(后来这一思想被总结为著名的摩尔定律,即集成电路芯片上的元器件数目,每 18~24 个月便增加 1 倍,运算性能也将提升 1 倍)。所以,未来 1 台或数台计算机将拥有处理一切人类事务的能力,包括但不限于调控经济、打赢战争、发明新技术、打击犯罪等。赫伯特·西蒙说:"在 20 年内,机器就能完成所有人类能做的事情。"马文·明斯基说:"用一代人的时间,建立 AI 的问题就会大体得到解决。"

但是,这种强烈依赖于逻辑的机器智能碰了壁。AI 专家制造的机器能解决某一个特定领域的某一类问题,但远不足以解决所有的问题。马文·明斯基和迪恩·爱德蒙用 3 000 个真空管做的人工神经网络机器 SNARC,似乎与智能机器相去甚远。阿瑟·萨缪尔开发的计算机程序下下跳棋是没有问题的,但也就仅此而已,当时没有人能够开发出可以进行面孔识别或声音识别的有效程序。他们发现,运行再快的计算机语言编码也无法实现通用机器智能,人类世界实际是超越逻辑的,人类大脑在完成一些认知任务时,并不依赖于逻辑。1974年,当英美政府大幅削减AI研究经费后,第一次AI低谷到来。

1980年代初期,日本经济高速发展。1985年9月22日,日本政府与美国、德国、英国和法国在纽约签订《广场协议》后,日元急速升值。当时的日本政府错误地认为,日元过度升值将导致经济萧条,于是在1986—1987年连续5次降低利率,以至于中央银行贴现率从5%降低到了史上最低的2.5%。这种情势下,大量货币涌入股票与房地产市场。在这种大背景下,渴望在计算机领域弯道超车的日本政府制订了为期10年的"第五代计算机技术",总投资1 000亿日元,最终目标正是通用机器智能,特别是让机器可以识别图像与产生对话。

1985年,美国国防部也开始加注AI,资助经费高达10亿美元。其中仅"智能卡车"一个项目就前后拿到了数亿美元,其目标是希望卡车可以自动识别路线、深入敌后、寻找目标(如伤员),并自动返回营地。可见,不管是日本还是美国的AI专家,他们对机器智能的追求似乎"变低"了:赫伯特·西蒙所谓的"完成所有人类能做的事情"不再是值得追求的目标;相反,计算机应该通过编程来解决某些人类也能解决的问题,如理解自然语言。

名为"专家系统"的 AI 也是在这一时期崛起的,它们旨在像人类专家一样回答和解决某一特定领域的问题。比如,美国斯坦福大学于 1972 年完成的 MYCIN 系统,其在实验室理想条件下可以完成输入患者信息、自主鉴定病菌、给出诊断并推荐抗生素的工作。

然而,五角大楼耗资巨大的"智能卡车"项目最终宣告失败,MYCIN 系统也并未真正进入临床,而日本的"第五代计算机技术"项目也在 1980 年代末期偃旗息鼓。1988 年发布的相关会议记录虽然长达 1 300 多页,是 1981 年第一次会议记录的 4.6 倍,但内容庞杂、无所不包,更像是一个行将就木之人的喃喃自语。1990 年,日本经济泡沫开始破灭,经济增长率从 4% 骤降到 1%,土地价格与日经股价指数都进入快速下跌通道,其中日经平均股价从最高点的 38 915.87 跌落到 14 000,海量账面资产蒸发。失去经费支持后,项目迟迟不能落地。保罗·亚伯拉罕斯对这段历史回顾道:"就好像有一群人在提议建一座通向月球的高塔。每年,他们都会自豪地指出这座高塔已经比去年高了许多,但唯一的问题是,月球并没有离我们更近。"

\* \* \*

此后,一直到 1990 年代末期,AI 才又迎来第三次高潮。

这一次,科学家对 AI 的认识更加理性,他们承认 AI 是好的,如果它真的能解决真实世界的问题的话。这一时期,世界互联网与中国互联网经济开始爆发。1997 年,谷歌创立,为 AI 深入解决真实世界的问题提供了大量场景和数据。同年 5 月 11 日，IBM 研发的国际象棋计算机"深蓝"打败了世界冠军加里·卡斯帕罗夫。

"深蓝"重达 1 270 千克，它的硬件系统是多层并行的，搭载的顶级微处理器高达 32 块，因此可以每秒钟计算 2 亿步布局。2011 年，IBM 研发的另一台超级计算机"沃森"又在问答类节目《危险边缘》中获胜，赢得了 100 万美元。与"深蓝"不同的是，"沃森"实际是由 90 台服务器组成的集群，它可以进行自然语言交流。设计师不但在"沃森"身上加载了 2 亿页书籍，而且使用了包括机器学习、自然语言处理、知识表征等在内的多种 AI 技术。这两次公共事件，都让 IBM 的股价暴涨了一波。

2016 年，谷歌的围棋程序"AlphaGo"以超出"深蓝"3 万倍的运算力，击败世界顶尖的围棋手柯洁、李世石。这一次，"AlphaGo"使用了蒙特卡罗树搜索算法与多种深度神经网络（值网络评估选点、策略网络评估落点）。

如果说"深蓝""沃森""AlphaGo"都依赖于暴力计算的话，那么后来居上的"AlphaGo Zero"不再进行暴力计算（放弃了蒙特卡罗树搜索算法，变得更"聪明"），放弃了监督学习，所以不需要人为"投喂"优质数据训练，同时极大地强化了增强学习功能。算法上的进化取得了实效，"AlphaGo Zero"仅以 4 片张量处理单元（TPU），在仅仅接受训练 3 天后，就以 100 ∶ 0 的成绩打败了拥有 48 片 TPU 的

"AlphaGo"。这场机器 vs 机器的胜利,反倒给了人类摸索终极算法的信心。

美国国防部高级研究计划局也于 2004 年悬赏 100 万美元,举办无人驾驶汽车比赛。比赛的要求简单而务实,只要汽车能在无标记的路线上安全行驶 100 英里(约 161 千米),即可赢得奖金。第 1 年,参赛队伍全军覆没;第 2 年,共计有 5 支队伍的汽车行驶到了终点,最后由美国斯坦福大学的团队拔得头筹。当时有人乐观估计,10 年之内无人驾驶汽车将成为人类生活的一部分。但是,这些乐观人士可能没料到的是,2018 年 Uber 的无人驾驶汽车在进行路试时,撞死了一名妇女,当时车上还有一位负责监督机器的人类驾驶员。

2018 年 10 月 30 日,谷歌旗下的无人驾驶公司 Waymo 拿到了美国加利福尼亚州第 1 张全无人驾驶许可证,也就是谷歌无人车上可以不再有人类监督员。通用汽车更进一步,它们甚至提交了一份请愿书,希望在无人驾驶汽车上取消方向盘的设计被允许。这些事件具有代表性,它们似乎正在满足史蒂文·平克式的人类梦想:"我愿意花很多钱买一个能够收拾餐具或做简单差事的机器人。但我买不到,因为实现这些功能要解决的一些制造机器人的小问题,如识别物体、思考世界、控制手臂和脚等,都是尚未得到解决的工程难题。"

在这次正在进行的第 3 次高潮中,AI 面临的难题还有哪些呢?也许爬行类大脑和哺乳动物大脑的功能与运算有关,可被 AI 模仿甚至超过,但大脑皮层的高级功能只有一小部分与运算有关,它们有被 AI 追上的可能吗?

# AI 前景

著名物理学家斯蒂芬·霍金去世之前,曾经多次提醒人类要防范 AI。2014 年,他在一份发表于《独立报》的,警告 AI 崛起的公开信上签下了自己的名字。参与签署公开信的还有诺贝尔物理学奖获得者弗兰克·维尔切克、计算机科学家斯图亚特·罗素以及美国麻省理工学院未来生命研究院的创始人麦克斯·泰格马克等人。

泰格马克认为,"我们太迷恋大脑的运行机制了,这是一种想象力匮乏的体现。早在 1890 年,就有一位名叫克莱门特·埃德尔的工程师从蝙蝠身上获得灵感,建造了第一架飞行机器,他在无法掌控这个装置的情况下持续飞行了数百米。后来,莱特兄弟通过建造风洞和进行测试来研发飞机,而非仅仅模仿生物。这个道理同样适用于 AI。"

正因为如此,泰格马克等人认为,计算机有一天将在各种任务上完胜人类,并且发展出超人的智力,届时地球上的一切都将改变:机器占领市场,不但在发明和专利上将击败所有人类发明者,而且在公司管理上也可能超越最英明的人类领袖。

应该说，这种"AI 恐慌"的情绪部分源自科幻电影，如果没有编剧和导演的想象，人们不会对 AI 如此恐慌。但有意思的是，恐慌本身也是科幻电影的灵感源泉。

早期的经典科幻电影《2001 太空漫游》与《我，机器人》探讨的是机器人的伦理，也就是它们到底会不会造成人类的死亡。在《2001 太空漫游》中，AI 哈尔被设定的任务是不惜一切代价保护宇宙飞船，这种设定被写进哈尔的算法，对星际旅行的飞船来说似乎是再合理不过的了。但影片中，哈尔错误地认为飞船上的 2 名宇航员将妨碍修复飞船，于是它决定先杀死这 2 名人类，然后再独立完成任务。最终，人类战胜了 AI，关闭了哈尔，却付出了 3 人死亡的代价。

如果说这种来自 AI 的危险是出于误会，那么电影《机械姬》中的 AI 就有些让人不寒而栗。亿万富翁内森坚信，最可怕的 AI 绝非能通过图灵测试的那种，而是明明可以通过却假装失败的那种。为此，他找来男主角去测试 AI 机器人艾娃。男主角虽然明知对方是机器人，但仍不可自拔地爱上了面前这位有着人类姣好的面容、身体却是银色机械的艾娃。影片最后，艾娃请求男主角把自己放出去，这让男主角一时难以决策。这部电影的担忧比《2001 太空漫游》更进一步：如果 AI 学会了人类的感情，而且可以利用人类的感情，进而操控人类，那么未来将变成什么样？

近年来的几部以 AI 为主题的电影似乎开始走上温馨路线。《超能陆战队》中的大白,几乎无所不通却对主人忠心耿耿。正如它的台词所揭示的——"Hello! I am Baymax, your personal healthcare companion",大白代表的是人类心目中理想化的陪伴机器人。从哈尔、艾娃,再到大白,这些关于机器人角色的设定反映了人们对 AI 的态度变化:恐惧与担忧因不了解而发生,也因深入了解而消解。

乔治·扎卡达基斯指出,这种变化是一种"恐怖谷效应",只有在其消失后,人类对 AI 的信任和情感才能重新建立。"我们已经了解了我们对无生命的造物有着天生的情绪反应。自旧石器时代起,我们的认知系统就将周围的世界拟人化。小孩像对待真人一样和玩偶、玩具兵玩耍,成年人会和自己的汽车说话。当机器人是机器人式的机械样子时,我们在情绪上会喜欢它们;但当它们终于获得了人类的外形时,我们的喜爱就会减少,并且开始感觉到别扭、难受。我们的喜爱变成了拒绝,像人类一样的仿生人让我们害怕。当它们的相似度达到了'恐怖地和人相近'时,我们的熟悉感就会跌到零点,也就是谷底。"

* * *

但 AI 很难达到"恐怖地和人相近"。截至 2018 年,多个国家造出了人形机器人,Hanston Robotics 公司研发的索菲亚机器人还被沙特阿拉伯授予了公民身份。然而,这些机器人只是通过学习基本事实来理解物理世界,它们可以行走、爬楼梯、跳舞,其中美国波士顿动力公司生产的双足机器人还能像人类一样快速奔跑、跳跃、后空翻,但它们在理解常识、感知世界方面,仍然不如一个 4 岁的人类儿童。那些在公开场面谈笑风生的人形机器人,大体上都是在人力操控下"表演",它们最大的用处是为创业公司找到下一步的投资。

　　除此之外,AI 在物体识别方面也有技术上限。

　　在实验室内,AI 机器人可以识别基本的几何形状,美国麻省理工学院计算机科学与人工智能实验室(CSAIL)的 RF－Pose 项目可以透过墙壁,使用神经网络搜集、分析人体反弹的无线电信号,通过构建二维动态火柴人模型来预判墙后行人的姿势。研究人员称,RF－Pose 技术未来可扩展到三维,用于监护独居老人或帕金森综合征患者——这等于再次确认了 AI 并不是人脑智能,它只能通过简化观察对象,然后达到类似于人脑智能的水平。这样的智能在单一的精确领域可以而且已经获得了很好的应用,比如人脸识别技术。但只要环境光线变暗,捂住一边人脸或者穿戴了过多的首饰,AI 便无法准确识别人脸。

　　这些"AI 做不了的事情"让一些研究人员沮丧。强劲的计算能力并不足以让计算机实现人类大脑全部的认知能力,弗诺·文奇宣称的"技术奇点"暂时还不会到来,雷·库兹韦尔关于"2030 年计算机复杂性将超越人类大脑信息处理复杂性"的预测,也很可能无法实现。反过来,复杂性也不必然需要暴力计算。iRobot 机器人公司的创始人罗德尼·布鲁克斯认为,"蚊子只有一个几乎只能用显微镜观察的大脑,所包含的神经元数量非常少,但它在空间中的活动能力要好过所有的机器人飞行器。"

此外,AI会不会涌现出意识?在迷信计算复杂性的人看来,这是确定无疑的。其实,这些人本质上仍然把人类大脑看成超级计算机,他们认为既然意识是在860亿个神经元的基础上自然涌现的,那么当计算机复杂度达到一定阈值时,机器意识也会自发涌现。乔治·扎卡达基斯认为这是一种技术方向上的"锁定",即认为一切硬件与软件是分裂的,大脑的"硬件"也是一个"冯·诺依曼架构"——这更像是计算机科学家对脑科学与进化生物学的一种"无视"。目前没有任何证据表明现有技术可以让机器拥有自我意识,即"觉醒"。过去40亿年,地球上的无数物种都参与了演化,却只有极少数获得了自我意识,也只有一个物种既有自我意识,又有足够的智能可以制造计算机。然而,这并不意味着没有自我意识的生物比人类的复杂度低。实际上,一些非生物系统有着更高的复杂度。地球的生态系统比其中任何部分(包括人类在内)都复杂得多,但我们的地球并没有自我意识。计算机系统可能会演化出更为复杂的架构和连接状态,但这并不意味着计算机会在未来有目的地涌现出自我意识。

我们应该如何看待这些问题呢?让我们回到智能本身,回到爬行类大脑—哺乳动物大脑—大脑皮层的简单模型。在低级生命身上，单一的基因或外界刺激输入对应着特定的行为输出，这与计算机的运行规律是相似的。比如，法国昆虫发育学家 G. 勒布勒东（G. Lebreton）发现，只需在果蝇幼虫的气管处诱导表达 *MYO1D* 基因，幼虫就会表现出"滚桶"行为。因此，*MYO1D* 基因可能就属于生命"底层算法"上的基因。但我们人类有思想、有情绪，更像是电影《星际迷航》中充满感性的麦考伊医生，而不是冷酷无情的斯波克。乔治·扎卡达基斯写道："AI 研究者不仅接受了软件、硬件的范式，还接受了'缸中之脑'的范式，把智能与身体相分离，并把它简化为在特定系统中（在大脑或在计算机处理器中）发生的过程，并不直接与外部世界交互，但生物学的实际情况不是这样的。我们的大脑是身体不可分割的组成部分，和循环系统、激素调节以及外周神经系统属于一个整体。感官和运动通过身体中多级的分布式系统处理信息、互相交流。我们就是我们的身体，我们的意识是肉体体验和外部环境、感觉以及自我意识不断交互、整合的结果。"

因此，不论未来人类是要继续尝试打造一个拥有意识的机器，还是将人类大脑的意识解码后，上传到机器终端，从而实现终极永生，我们都需要首先回归到大脑与生命支持系统本身。这可能是人类实现强 AI，进行人机结合、走向终极进化的唯一途径。

# 第6章　诱人的任务：神经解码

## 缘起

接下来的第6章和第7章将向您讲明白，为什么大脑的神经解码与供养解码那么重要，以至于是人类完成实质性跃升的最关键任务之一。对大脑的神经解码，可以为我们开发大脑做好技术上的准备；对大脑的供养解码，则可以让我们有可能实现更彻底的人机结合。两项任务一旦实现，科幻电影便可成真。

"神话（myth）"一般从接受"巫力"的设定开始。比如，在詹姆斯·乔治·弗雷泽（James George Frazer）的名著《金枝》中，人类的各个亚文化社会都存在神王合一的大人物，他们拥有超越普通成员的强大"巫力"，可以做到常人不能为之事。人类的主动进化或者人机结合的目标就类似于再造一个"神话"，只不过这一次要让更多的人实现"人性与神性"的统一，即能做到过去的人类难以想象的事情。

比如，不用动嘴或手写便能向外输出一段文字，又或者不用开口便能讲话。2019 年，美国加州大学旧金山分校的研究人员开发了一套算法，可以解码 3 名癫痫患者的语言皮层，然后靠解析被试的神经活动来判断其是否在讲话，以及获取讲话的内容。经过前置训练，语言解码算法生成语音的准确率可达 61%。当然，这样做的前提是向癫痫患者的脑部植入微电极，再由这些微电极记录神经元活动，进而建立较为精确的声音图谱。接着，为每个患者设计一种虚拟声道，让他们用这些人工合成的声音发声。这里存在极大的想象空间，一旦解决了电极植入的材料问题和解码技术的精确度问题，普通人就可以做这样的手术改造，通过脑电波与另外一个人交流。更有意思的是，由于脑电波可以与电磁波互相转译，因此你也可以用脑电波随时随地与世界上任何一个角落的人互动交流。

然而，这距离最终目标还远得很。

钻颅术的英文"trepanation"来自希腊语"trypanon"，这暗示了它悠久的历史起源。秘鲁、埃及都发现了带有钻孔的古人颅骨。考古学家推测，钻颅术的起源可以追溯到新石器时代，那时候的巫医可能相信一种朴素的观念：头疼、癫痫的发作可能是头颅中的"魔鬼"作祟。为了找出或释放这些"魔鬼"，巫医需要在患者的颅骨上切开方形或圆形的孔,手术完成后再缝合起来。有意思的是,至少在秘鲁,一半以上的颅骨有再生长的痕迹,这表明患者在接受这种原始的开颅手术后居然活了下来。不过手术有没有治好他们的疾病就不得而知了。20世纪的前额叶白质切除术的发明者、葡萄牙神经科医生安东尼奥·埃加斯·莫尼斯虽然凭此手术获得了1949年的诺贝尔生理学或医学奖,但这种粗暴而疗效有限、副作用极大的治疗手段早在1970年代就被全球禁止。

有意思的是,另一种原理与实效均不同的开颅手术在21世纪仍在进行。2016年,中国深圳市第二人民医院接诊了一名患者,患者的手臂会突然间变得僵硬,连最熟悉的动作也无法完成,这种病症因此被称为"局灶性肌张力障碍"。幸运的是,这种病症已经有了比较成熟的治疗方案,即深部脑刺激(deep brain stimulation, DBS)。手术开始时,患者的头被金属定向支架固定住,这方便医生利用核磁共振技术对其大脑进行成像,进而得到整个大脑的三维结构,确定靶点的立体坐标。然后,对患者的头部进行消毒和麻醉,主刀医生用颅钻(比秘鲁巫医的工具有效率多了)在颅骨上钻一个小的圆孔,之后把一根只有1.3毫米细的电极慢慢插进去。这时患者会被唤醒,并按照要求做一些简单动作和算术题。在此过程中,医生会调整电极插入的深度、位置和电脉冲刺激的强度,以保证电极最终插入的位置只在丘脑腹中间核区域,并且不会对其他脑功能造成损伤。如果患者可以恢复正常的肌肉功能,不再出现突然僵硬的症状,那么深部脑刺激手术就算基本完成。从报道来看,手术非常成功,患者又可以像从前一样弹奏心爱的吉他,虽然这场手术花费了他 30 万元人民币。

## 疯狂的冒险

2012 年是一个技术突破年。《自然》杂志报道了一位瘫痪 14 年的患者案例:英国人凯茜通过植入其大脑的微传感器,成功操控了一台由德国航空中心研发的名为"DLR Light-Wegiht Robot"的机械人手臂,使其喂自己喝水。这样,脑控技术终于找到了可被人类广泛接受的应用领域:治疗瘫痪、渐冻症等严重肢体残障类疾病。

首次完成这种壮举的脑机系统名为"大脑之门(BrainGate)",由美国布朗大学主导研发。当时,布朗大学的团队没有从政府处获得实验所需的大量经费,他们筹措了许多风险资本,并最终做出了由 96 个微电极组成的"犹他电极组"。研究人员希望,在"犹他电极组"的帮助下,瘫痪患者的大脑可以与计算机连接起来。在人类大脑操控下的运动,原理可以简单概括如下:运动皮层输出运动信号,它们沿着脊髓抵达四肢肌肉处,使其完成一系列动作。于是,布朗大学、美国麻省总医院和退伍军人事业部的研究人员猜想,如果可以搜集并解码运动皮层的信号,就可以绕过脊髓,转由机械手臂完成患者想象的动作,也就是由心智直接驱动身体移动。大脑基本只用说:"好啦!手,请伸出去够那个东西!"具体的临床实验中,搜集神经元激活信号由植入患者大脑的硅传感器完成,它只有一片阿司匹林药片那么大,破译这些信号则由像一台迷你冰箱那么大的计算机完成。为了让计算机的算法"熟悉"患者的大脑激活模式,患者会先看着机械手臂做各种各样的动作,同时在大脑里想象自己在做同样的动作,这样算法就可以在特定的动作与特定的神经元激活模式之间建立匹配关系——这也是绝大多数脑控技术的基本思路。在另一些案例中,传感器搜集的并不是来自大脑内部皮层的信号(侵入式),而是来自头皮的脑电波信号(非侵入式)。侵入式脑控系统需要做开颅手术,在患者大脑内部植入芯片。虽然这样做搜集的信号更准确,但是容易造成细菌感染,而且植入物附近会逐渐形成瘢痕组织,使得传感器无法继续搜集信号。非侵入式脑控系统避开了这些风险,患者只需戴一顶布满电极的特殊帽子,后者会像传感器一样搜集各种脑电波。接下来的步骤与侵入式脑控系统类似:信号传输到计算机进行破译,然后再输入机械设备完成指定动作。

　　两种脑控技术如今都被归类为脑机接口技术。追溯起来,"脑机接口"这一术语来自美国国防部高级计划研究局(DARPA),该机构自1958年成立以来,研究的都是充满科幻色彩的未来项目,事实上它是互联网、语音翻译、GPS导航和飞机可视雷达等重大发明的主要推动者。2002 年，DARPA 正式创建了一个增强士兵大脑认知能力的项目，当时的项目名称为"大脑-机器接口（brain-machine interfaces，BMI）"。到 2003 年，DARPA 就在 BMI 项目上投入了数百万美元。"9·11 事件"和伊拉克战争之后，DARPA 调整了 BMI 的发展目标："我们对能够用大脑移动事物很感兴趣，但这项技术看起来不会让某些人过于兴奋地驾驶飞机。美国正处于对外战争中，很多士兵从前线返乡时失去了胳膊，他们需要新的技术来取代钩状假肢——这种

**非侵入式脑机接口** 与侵入式电极类似，材料是一大制约因素。美国加州大学圣迭戈分校的研究人员花 4 年时间找到了一种带有氯化银涂层的新材料，这既可以让紧贴头皮的传感器有很好的柔性，也能保证搜集信号的高保真性。
图片来源：Jacobs School of Engineering/UC San Diego。

假肢早在美国内战期间就开始使用了。"

无论是侵入式还是非侵入式的脑机接口,都有许多短时间内难以克服的弱点。比如,材料和信号的采集准确度难题,侵入式的电极在过于拥挤、潮湿和充满盐分的胶状大脑上容易造成不可控的致死损伤,进而形成破坏信号采集的瘢痕组织,那样一来电极就会像被冰封住而失去探测功能。非侵入式的电极灵敏度有限,而且容易受到化妆品、金属纽扣甚至汗液中化学物质的干扰。此外,这些技术的关键在于志愿者必须经过训练,并保证精神高度集中,这需要技巧,总有人很难掌握其中的诀窍。而且,在实验室安静的环境下,志愿者可以只关注"把腿抬起来"这一件事,但一旦出了实验室,志愿者的大脑会接受爆炸式的外界信息,脑电波信号会变得难以识别,这将大大降低神经义肢的准确度。更重要的是,运动皮层的神经元激活模式是大脑最简单的工作模式之一(想象一下,正常说话时的大脑激活模式比抬腿上楼梯时的复杂多了)。

即使对于运动,现有的脑机接口传感器也只能搜集一部分大脑皮层的激活信息。2013 年,一项基于 15 篇已发表的论文的回顾性分析发现,人类在想象运动概念,如奔、走、立时,脑区概率图谱的结果表明,在所有的激活位置中,只有一半多一点(55%)位于运动皮层。换句话说,不止运动概念激活了运动皮层,一些无意义的词语也能激活运动皮层。于是人类对运动皮层的认识又深入了一些。该皮层早在

1870 年就被发现,当时德国柏林的研究人员通过对一条狗施加电刺激,使它肌肉抽搐。20 世纪早期,科学家发现被麻醉动物的运动皮层还可以细分为不同的区域,它们各自对不同的肌肉群做出响应。直到 20 世纪 60 年代,更高级的灵长目动物才被引入实验室,用来研究运动皮层。长期以来,人们倾向于把运动皮层想象成一个敬业而独擅一面的工程师,它及时查收神经元信号,并计算出移动躯体关节和收缩肌肉群所需的力度,最终让胳膊和腿在空中划出数学公式般精准的弧线。与此同时,运动皮层还会在动作中途随时做出修正。

然而,运动皮层不会是大脑中的"独立单位"。2013 年,美国宾夕法尼亚大学的团队发现,有时候动作概念的确可以激活包括后颞叶、枕叶、顶叶和布罗卡区皮层在内的多个大脑皮层区域,但是偏偏初级运动皮层并没有被激活。那么这时候,无论多灵敏的传感器也无法搜集到运动皮层的激活信息。这些研究都启示我们,运动能力还跟别的能力有关,比如对语言的理解能力以及本体的感觉能力、认知能力。

一个极端的病例可以帮助理解以上观点。BBC 的纪录片《失去身体的人》(*The Man Who Lost His Body*)讲述了伊安·沃特曼的故事,他因为感染了一种罕见病毒而失去了对身体的感觉。对我们来说,这种体验其实也容易想象:你在夜里突然醒来,或者你认为你醒来了,你口渴难耐,想起床喝水,但尝试了好几次后,你发现无法睁开眼睛,也无法挪动胳膊或腿。这种感觉让你顿时陷入恐慌。恭喜你!你成功体验到了伊安·沃特曼幽灵般的感觉:一种漂浮在虚空中的无力感。只不过伊安·沃特曼的情况"稍好一些",因为他的视觉系统还在自己的操控范围内:"我就像块烤肉一样,每两个小时翻一次面,还涂满了润肤霜。我的身体像雕塑一样纹丝不动,脑袋里却填满了各种情绪。四肢没有触觉,也移动不了。我躺在床上,眼睛直勾勾地盯着正在剥落的天花板,好希望这一片一片的碎片是一道一道的裂缝,这样天花板就可以砸落下来,带我脱离苦海。身体动不了了,脑子能转又有什么用呢?"

幸运的是,伊安最终学会了走路,但他必须依赖视觉系统。即使是迈腿走路这样简单的动作,伊安也必须先低头盯着自己的双腿,再有意识地想好每一个动作,最后付诸实施。如此一来,他的动作毫无精准可言,他的双手一旦逃脱视觉系统的监控,就会像旋转的木棒一样,在空中随意挥舞,甚至打到身边的人。伊安的主治医生详细地记录道:"伊安所有有用的动作都需要他集中注意力、不间断地利用视觉来控制。他在黑暗中无法行动,并且由于他需要把精神集中在走路的动作上,所以无法一边走路一边胡思乱想。他的注意力是有限的。如果坐在椅子上,他能拿起一颗鸡蛋而不弄破它;但如果他一边走路一边握住这颗鸡蛋,就会由于走路时注意力都转移到了行走上,而无法控制力度导致鸡蛋碎掉。"

　　至此，我们似乎可以得到结论：仅仅建立在运动皮层上的脑机接口是粗糙的，所能解决的问题有限。归根结底，人类的认知系统并不像阿瑟·格兰特和维托里奥·加莱赛所称的，"大脑具备的知觉、情绪等能力，都是为运动系统服务的"，而是相反，没有感觉，则动作毫无用处，即认知包括了知觉和动作，认知系统才是自然选择下最核心的、不断进化的系统，运动系统也是为它服务的。所以，我们才坚持未来 AI 的发展方向，应该是为增强认知系统服务的，而不是反过来让大

**一种智能手臂设备出现在 2016 年瑞士苏黎世的赛马会上**　2016 年 10 月 8 日，一名安装了智能手臂的裁判正在赛场上工作。看起来，这款手臂像人类手臂一样好用，虽然它尚未包裹一层人造皮肤。未来的脑机接口技术应该让电子手臂具有更多人类手臂的功能。
图片来源：ETH Zurich / Alessandro Della Bella。

脑去适应冰冷的机械手臂(这方面,人类在尝试给机器人或机械手臂安装可以搜集更多信息的人造皮肤)。换句话说,真正的脑机接口技术需要连接到大脑的更多皮层,并能解码更多区域的神经元激活模式。

## 脑控芯片

人体还拥有其他感觉系统,它们帮助运动系统实现了精确的抓握或控制,未来的脑机接口技术应该同步解码这些神经元信号。

现在,让我们以皮肤感受器的例子来大致勾勒这项技术的一个发展前景。大卫·林登(David Linden)在《触感引擎:手如何连接我们的心和脑》一书中,认为人类拥有至少 4 个领先于 AI 的触觉感应器:梅克尔细胞(Merkel's cell),它可以搜集并编码物体的边缘、局部曲面和质感等信息;迈斯纳小体(Meissner's corpuscle),专门编码微弱的低频振动信息,当我们抓握一件东西时,整个过程会有微滑动出现,迈斯纳小体可以检测到这种微妙的信息,并通过脊髓神经元向指尖肌肉传递解码信号,从而提高抓握力;帕奇尼小体(Pacinian's corpuscle),负责编码微振动信息,这样我们就可以远距离感应物体的震动,从而感应到汽车底盘下的路况、外科手术刀下的组织情况或者我正在敲击的机械键盘的性能等;鲁菲尼小体(Ruffini's corpuscle),

负责编码皮肤的水平拉伸信息,这可以告诉我们的大脑手臂在什么位置,正在做什么样的动作。只有实现同步编码-解码类似信息,脑机接口才算是真正连接了机械手臂与"我们的心和脑"。此外,其他的大脑信息理论上同样可以被解码,大脑的"黑匣子"色彩将越来越淡薄,一个透明化的未来正慢慢展现在人类面前。

比如,受到深部脑刺激的启发,未来的脑机接口不止可以"除颤",还能增强人类的某些机能。实际上,类似于操控自己神经的一种经颅直流电刺激(transcranial direct current stimulation,TDCS)的设备已经在美国出售,价格仅为 40 美元,电力来源为 9 伏的电池。使用者佩戴 TDCS 的帽子,便可以自主控制电流开关,向大脑发射极小的电脉冲信号。2010 年,牛津大学神经科学家罗伊·科恩·卡多什的实验表明,当给 15 名健康人的大脑顶端定期进行 TDCS 后(每次 1~2 毫安电流,每天 20 分钟),这些人对数字系统的学习能力比对照组显著增强。重要的是,即使停止 TDCS,这些收益也能继续存在数月。其他的研究则表明,除了能增强数字系统的学习能力之外,TDCS 还能缓解抑郁症症状、增强注意力和记忆力、舒缓心情等。2016 年,美国加州大学洛杉矶分校和日本京都国际电气通信先进技术研究所的团队合作开发了能提升人自信心的"解码神经反馈"设备,一旦检测到志愿者的"自信模式",便会给予大脑奖励区域以电脉冲刺激。

新的大脑植入物还可以拓展人类的"知觉"。2012 年,DARPA 收到了关于把不同动物的大脑连接起来,然后让啮齿类动物感应到红外线的报告。2014年,一位名叫纳森·柯普兰的志愿者被美国匹兹堡大学的团队植入了一块可以激发自然感知的芯片,除了向大脑植入芯片以外,还向体感皮质植入了两组电极,后者可以把皮肤处的刺激转化为微妙的感知。柯普兰这样形容他感知到的"刺痛感":"这种新感觉与健康身体感知到的不完全相同。那是一种很怪异的感觉,不像是碰到了电丝网的那种感觉,不是清凉如薄荷般的刺痛感,也不是碰到大头针和缝纫针的感觉——那是一种不太舒服的感觉,但真的有刺痛感!我不知道,那种感觉超级怪异!"

这些都是进步的里程碑,人类可以在计算机算法的帮助下实现神经信号(如刺痛感)的解码和再编码。这里,大脑的活动意图所产生的神经元激活模式被AI的神经网络破译。深度学习可以从大脑各个神经元的放电模式(firing pattern)和局部场电位(local field potential, LFP)等关键信息中提取特征,解码大脑想要传递的信息,这些信息甚至可以包括除运动信息之外的语言、情绪、思想等。在一些领域(如图像识别),经过图像识别监督学习的卷积神经网络(convolutional neural networks, CNN),从图片或视频中提取分层组织特征的能力,已经超过了人类的视觉系统,可以预测和可视化几乎所有级别的视觉处理皮层的表征。同时,CNN还能通过学习癫痫患者的脑电波记录,来预测他下一次发病的时间。

在语言解码方面,美国纽约沃兹沃斯中心和德国的研究人员合作开发了一套脑-文本转换(brain-to-text)系统。研究者把一种 8×8 或 16×16 的平面电极阵列覆盖在志愿者大脑皮层表面,它们可以通过脑皮层电流描记法(ECoG),一次性记录上千个神经元的活动模式。之后,经过训练的志愿者只需要在大脑中"说话",ECoG 数据训练软件就能把这些神经活动翻译成说话的声音。在提取大脑图像方面,深度卷积网络可以预测志愿者大脑中闪现的图像,通俗地说,不用志愿者口头描述,计算机就可以绘出他们大脑中的画面。如果你入睡之前把大脑接入了这一系统,那么你梦中的画面会一一呈现在电脑屏幕上。

还有一项比较吸引人的应用。想想电影《X 战警》中的 X 博士和万磁王吧!电影设定中,X 博士的实力似乎比万磁王强,只因为万磁王控制的是金属,而 X 博士可以操控人心。为了躲开 X 博士的远程脑控,万磁王和电影《X 战警:第一战》中的大反派,能吸收核能并转换为自身使用的肖,都不得不一直戴着屏蔽脑电波的特制头盔。一旦他们失去头盔,自己的一举一动便陷入了 X 博士的脑控之中。现实中,2017 年,美国康涅狄格大学的研究人员也在蟑螂头上安装了神经控制器,并成功通过远程发送电脉冲信号控制蟑螂在建筑废墟中前进。此前一年,美国北卡罗来纳州大学的研究人员也成功把蟑螂改造为类似于无人机一样,可被人类远程操控的、每秒钟移动 20 个身位的"动物机器人"。

值得一提的是,脑机接口技术在算法上也有继续革命的可能。
2017 年 12 月,美国佐治亚理工学院的伊娃·戴尔尝试用不同于主流
脑机接口的算法来解码神经。戴尔开发的算法不需要使用监督式解
码器,这种解码器的精髓是同时记录神经元激活模式和实时运动细
节,并在二者之间找到最佳匹配模式。相反,戴尔植入猕猴的电极只
记录猕猴活动时的 100 个神经元活动信号,然后测试大量计算模型,
找到最能在神经元活动与动物运动之间匹配的算法。不过,戴尔的
课题尚未结束,她本人也承认这种新型解码器相比于"最好用"的监
督式解码器还有很大的距离。但幸运的是,戴尔有的是时间证明自
己,因为即使是"最好用"的监督式解码器也存在很多的问题,它们距
离现实推广都还很遥远。

* * *

菲尔·肯尼迪是最早做脑机接口临床实验的科学家之一。1996
年,他成功教会了一名瘫痪的闭锁综合征退伍老兵用大脑控制计算
机光标。他把这位幸运儿称为"人类历史上的第一名赛博格"。他使
用的电极是自己发明的,由一些聚四氟乙烯包裹的金丝导线黏连到
空心玻璃圆锥内。据称,这种电极能诱导神经细胞围绕它生长,就好
像葡萄藤蔓缠绕在支架上一样。在进行那次实验之前,他辞去佐治
亚理工学院的教职,专门成立了一家名为"神经信号(Neural

Signals）"的公司，并成功在 1996 年拿到了美国食品药品监督管理局（FDA）关于对人体进行亲神经电极实验的批准。

　　不过，肯尼迪的亲神经电极植入的依然是初级运动皮层，这与其他实验人员所做的解码工作大同小异。实验成功后，他分别在 1999 年和 2002 年又做了两例电极植入实验，可惜两例都失败了：一例患者大脑的伤口不能愈合，只能取出电极；另一例患者病情迅速恶化，电极无法按计划采集数据。此外，这种靠初级运动皮层控制计算机光标打字的方法效率太低，经过训练的志愿者只能每分钟选择 3 个字符。为解决这一效率问题，肯尼迪在 2004 年把电极植入了一名患者的大脑中央前回的深处，那里有控制口唇、下颌、舌头和咽部肌肉群的神经元。但实验结果并不理想，患者依然无法靠这套系统与外界交流。更糟糕的是，FDA 撤销了他向患者脑部植入电极的许可，因为他已经没有足够的资金来保证开颅手术所必需的无菌条件。在这种情况下，肯尼迪决心在自己身上做实验。2014 年夏天，他自费 3 万美元，延请一名医生为自己做了脑部电极植入手术。在他的设想中，人类将依靠这套插入语言皮层的电极实现意识交流。

　　可惜事与愿违，肯尼迪低估了人类大脑的复杂度。术后，肯尼迪出现了严重的语言障碍，同时下巴还会突然间打战，牙齿相互磕碰，手也不由自主地抽搐，为此他不得不定期服用抗癫痫药物。他的未婚妻对记者说："我曾试图阻止他在自己身上做实验，他就是不听。"这起疯狂实验的结果是,肯尼迪后续植入的信号收发器被手术拆除,但第一次植入的、业已失效的 3 根玻璃圆锥电极已经与新生脑组织长在一起,无法移除了。

**菲尔·肯尼迪(右二)和他的志愿者患者**
图片来源:The Line。

现在看来,肯尼迪的失败是必然的,他后期的植入手术甚至没有采用最先进的微传感器。解码运动皮层是一回事,而解码语言皮层等其他高级皮层是另外一回事。如果不能保证准确率,类似的植入手术价值不大，不管是对瘫痪患者还是正常人。对一位渐冻症患者来说，他可以用一根手指敲打摩斯电码或用虹膜追踪系统操纵电脑光标来输出信息，而不是做开颅手术，向大脑中植入价值 10 万美元的电极，来获得仅仅每分钟 3 个字符的输入速度。一位 ECoG 专家在评价脑-文本转换系统时，悲观地说："想想已经面市几十年的语音识别系统吧！1980 年左右，该系统的识别正确率就达到了大约 80%。从工程学的角度来说，80% 是一个相当卓越的成就，但在现实生活中它并没有什么用处。我到现在也不会使用 Siri，因为它还远不够好。"同样地，其他大多数脑机接口项目也禁不住严格审查。以能预测癫痫患者下一次发作的 CNN 系统为例，监测患者的脑电波是由侵入式电极来完成的，这就很不实用——负责的医生绝不会建议癫痫患者通过开颅手术植入电极来预防癫痫，何况其准确度也不理想。相关项目负责人说："如果你有一个可以预测一切的完美系统，你得 1 分；如果你只有一个类似于抛硬币的随机系统，你得 0.5 分，而我们现在的得分是 0.8 分。也就是说我们的系统现在并不能做到完美预测，却比随机好很多。"也许，"比随机好很多"这个结论对技术乐观派而言是一个可以接受的结果，但对患者而言毫无价值。此外，提取大脑图像的系统也有问题，它本质上仍然是一种匹配逻辑导向。CNN 必须事前获取志愿者观看视频的大脑功能性磁共振成像数据，然后在数据与特定视频图像间建立匹配关系。这样一来，CNN 才能预测志愿者大脑中出现的究竟是天鹅、卡车、红房子还是一条公路等。还有脑控蟑螂,其成功率取决于蟑螂的神经组织对刺激的响应程度。经过多次刺激后,蟑螂对电刺激越来越不敏感,它们的大脑似乎摆脱了人类信号发射器的控制。

即使如此,脑机接口技术仍然是未来人类继续进化、不断演进的必经路径之一。

我们相信在不远的未来,人类可以用大脑操控不亚于人类手臂灵巧度的神经义肢,而且可以实现走出实验室,信号灵敏度也不损失。届时,正常人可以从佩戴的脑机接口设备中获益,比如获得对紫外线的感知能力、视觉/听觉功能增强、注意力提升等。在 2019 年的国际消费类电子产品展览会(CES)上,多款消费级的脑机接口设备亮相,其中一款增强注意力和记忆力的设备已经卖到了全球数千家学校。应该看到,未来的超级人类对脑机接口有着类似于今天人类对抗癌药、艾滋病病毒疫苗一样的渴求。

再以信息交流为例,低等生物,如费氏弧菌只能靠标识自己的化学分子浓度进行有限交流,同类细菌个数越多,这种能发荧光的分子就越多。对蜜蜂来说,交流的形式、效果和信息量相较于费氏弧菌有质的提高,奥地利昆虫学家卡尔·冯·弗利希早在 19 世纪就发现,工蜂可以通过跳一种摆臀舞来传递食物的位置,这可比费氏弧菌的交流高级多了。但相较而言,人类的信息交流能力才是目前为止最优秀的，因为我们可以通过语言交流抽象概念、搭建嵌套思维模型，用文字跨越时空保存和传输思想。只是一旦脑机接口在解码语言上取得进一步突破，今天的人类语言能力就将如同费氏弧菌、蜜蜂一般"低级"。毕竟，一个位于上海的人无法用意念告诉一个位于北京的人在游戏中的下一步计划，而这早已经在佩戴了脑机接口设备的人身上实现了。

# 第7章　供养一颗人类大脑

## 忒修斯之船

"再造一个大脑"——这是还原主义（reductionism）的体现：我们能拆解、看见元器件之间的组合关系，便能再造一个"相似的"或"一模一样"的复制品。

2013 年，科学家首次报道了大脑类器官的研究工作。到了 2019 年 10 月，美国耶鲁大学干细胞中心的研究团队已经可以用胚胎干细胞培育出具有功能性血管状系统的大脑类器官。这是巨大的进步，因为我们不但可以再造一个大脑类器官，还能实现一定的体外"供养"。研究团队进一步通过对星形胶质细胞、周皮细胞、紧密联结蛋白的研究证实了血管类器官能够形成类似血脑屏障的结构。除此之外，截至 2021 年 3 月，在实验室的培养皿上还得到了可以合成、分泌眼泪的类器官，当然，要想得到眼泪，研究人员还需要给类器官添加外源去甲肾上腺素。当你情绪激动、压力很大时,大脑也会释放去甲肾上腺素,然后你就会"泪满双腮"。

一个有意思的问题是,再造一个大脑或眼睛还会是原来的那一个吗? 这似乎仍然是一个解码与编码的保真度问题,让我们稍稍深入地讨论一下。

首先,让我们先停下来解释一下什么是"忒修斯之船悖论"。经典的"忒修斯之船悖论"一般是这样表述的:雅典人忒修斯从克里特岛带来一艘 30 桨船,他的同胞想把这艘船留下来当作纪念。但随着日久年深,这艘船的木材慢慢腐化,于是雅典人给船换上新木材,定期维修。最后,这艘船上的每一块木材、每一处铁钉都被换了一遍,连船上所用的缆绳都被换成了新的。此时,雅典城的哲学家忽然问了:这艘船还是当年忒修斯搭乘的那艘船吗? 你怎么回答? 回答"是",哲学家会说这艘船上已经没有当年的任何一块木头;回答"不是",哲学家又问了:那从什么时候或从替换哪一块木头开始,它就不是了呢? 与"忒修斯之船悖论"类似的悖论还有这个故事:如果你的祖父有一把斧子,传到你这一辈,斧柄和斧刃都换了一遍,那么这还是你祖父的斧子吗? 更进一步,英国人托马斯·霍布斯问道:"如果把忒修斯之船上拆下来的木材重新组装起来,变成一艘新船,那么这两艘船到底哪一艘才是真正的忒修斯之船呢?"

瞧，人类对定义和同一性就是这么痴迷。再举一个现实生活中真实发生的例子。

20 世纪 90 年代，一名中文名为"白铃安"的美国人在美国迪美美术馆的资金支持下，花费 1.3 亿美元，把中国皖南黄家村的一栋祖宅荫馀堂整体搬到了美国。拆解工作一共进行了 3 个多月，房子被拆成 2 700 多个木质建筑构件、9 000 多块瓦、600 多个石质饰件，它们被装进了 20 个大型集装箱。白铃安心细如发，她把祖宅里的各色用具、抽屉里发现的银圆、邮票，包括散落在犄角旮旯的银质发簪一并打包带走。5 年后，荫馀堂在迪美美术馆重新组装完成，开展后第一天就有 2 万多名游客前来参观。对这些游客而言，困扰亚里士多德、赫拉克利特、霍布斯的同一性问题是不存在的。想必他们认为，眼前的这座荫馀堂就是数百年前中国人居住的那一座。透过修旧如旧的红木窗雕刻，仿佛还能看见当年皖南乡下的月光。

人类应该很快就会遇到类似的悖论。即使一个人的前臂断掉又接上神经义肢，视网膜坏掉又换上干细胞再生的新视网膜，他都仍然是他自己。更直白地说，只要在别处建立一套脑供养系统，人类"自己"便可以像操作器物一样移来移去，确定"我们"同一性的标准不在四肢、内脏、身外之物，似乎在于大脑。

# 何为自己？

法国人吕克·费里（Luc Ferry）在他的书中讨论了数字虚拟人的问题——曾经，可能一直到现在，这都是一个非常流行的话题。

许多人支持数字永生，也就是通过 AI 分析的办法，将一个人的全部信息上传到云端并建立一个数字虚拟人，这样当"他"与人类对话时，就会完全按照事主的思想、表达方式、口头习惯等发言。在美国，提供数字虚拟祖父或父亲的公司已经出现，据说仅从对话上看，客户几乎分辨不出跟自己对话的是虚拟人还是真人。更进一步，随着 AI 神经网络对人脸、声音的模仿能力越来越强大，让一个死去的人以视频图像的方式与他的子孙对话也是完全有可能的。以人类的声音来说吧，亚里士多德曾经说声音是灵魂的镜子，是人类最独特的表达方式，它是我们身体的一部分，语调的抑扬顿挫可以展现出一个人的个性和情绪，但现在情况有了新变化。

人类的声音是如何产生的？当肺部呼出的气体通过气管的时候，声带就会振动而发出声音。声带的振动会让空气产生不同程度的压缩，这样向外传播的声音就具有某种特质，如具有某种音频（音高）等。人类的声音之所以具有不同的音色，是因为声音在气管、口腔和鼻腔等通道传播时，通道像一个共振腔，放大并且修饰了声音，它像一个滤波器一样,对不同频率的声音进行幅度调制而形成不同的"声音签名"。每个人的"声音签名"由两个要素构成:音色和韵律,因此只要对这两个要素进行建模,就可以复制或改变一个人的声音。数字技术巨头谷歌、苹果、微软和亚马逊,在这方面都已经做得非常优秀了。要完美复制一个人的声音,只需要先收集这个人的录音,组成一个数据库,然后把这些数据切割成音素,再分析、组合出其声学特征,这样在转变身份时只需要将这些声学特征复制、粘贴即可。IcramTool TRAX 软件自 2010 年问世以来,复制出了电影演员玛丽莲·梦露、喜剧明星路易·德菲内斯等人的声音。演员安德烈·杜索里埃自己都说,他已经完全区分不出来这套软件合成出来的语音和自己的真实声音。那么,拥有几近不可分辨出声音和图像的数字虚拟人到底算不算另一种真人呢? 这里,我们再次看到了还原主义与二元论的影子。

如果我们假设存在肉身与灵魂、硬件与软件的二元划分,那么自然而然就比较好接受在不同的"硬件"上可以运行同一"软件"。这是一个复杂的哲学问题,但让我们暂且放下,尝试想象一下那些付费用户的意见。

2013 年上映的好莱坞电影《她》中,男主角深深爱上了一个叫萨曼莎的计算机女声。虽然这个女声是他自己定制的,但到了后来他已经无法自拔地爱上这个女声。2018 年,索尼公司发布了一款叫

"aibo"的犬型机器人,使用方法与《她》中设定女声一样简单,而且都可以根据对主人的学习和适应,形成独特个性。看起来,艺术作品中的人类正在一条与机器人恋爱、做同事,与机器狗相伴的道路上前进。所以,如果去问《她》的男主角:"你为什么会和一个虚拟人产生爱情?"他会用电影台词回答:"关于她,还有她对待我的方式,我也问我自己为什么会爱上她。然而,我感觉一切都不重要了,所有我紧握的执念都消失了。我没有答案,我也不需要。"问那些为数字虚拟祖父付费的客户类似的问题,也许他们也会这样作答:"我没有答案,我也不需要。但我相信自己,相信内心的感觉。"当然,他们也许会接受不了太像真人引发的情感刺激,而宁愿放弃。

有趣的是,不但数字虚拟人可以获得真人一般的待遇,真人也会逐渐失去"自己"。

人类是情绪驱动的物种,所以衰老、损伤引发的大脑情绪机制或内分泌系统的改变,自然也会改变一个人的性格。还记得前面提到的经典案例吗?美国矿工盖奇被钢钎损伤大脑之前,是一个努力上进、有责任心并精于计划的成年人。但受伤之后他变得暴躁、无礼和冲动,既无法克制恶语相向,也无法按原定计划工作。类似地,每一个患上阿尔茨海默病的老年人,都会让子女切身感受到曾经的那个人在逐渐远去;醉酒的人表现得跟平日大相径庭,仿佛酒精让一个人变成了另外一个人。我们现在知道,这是因为酒精分子可打开两条相互汇合的多巴胺神经通路,并抑制部分脑区的活动,而阿尔茨海默病则会让部分神经通路彻底消失。所以,决定一个人是不是他自己(同一性)的应该是不同脑区之间的连接。如果我们在"别处"复制出了另一套"连接组",那就等于复制出了另一个人类;如果我们在"此处"一点点失去了原有的"连接组",那就等于慢慢失去了作为人类的同一性。

2009 年,美国国立卫生院资助了一个名为"人类连接组(human connectome project)"的项目。连接组学认为,不同神经系统之间的组织方式决定了一个人的意识、智能和情绪等。正是基于这一思想,一些"超人类"主义者相信,如果在活体死亡前,把大脑中 860 亿神经元之间的组织方式解码,然后在另一个大脑上"复原",那么死去的人就相当于获得了新生。本质上,这就是另外一个忒修斯之船或葫芦堂的故事:按照原有方式组装起来的个体,仍然是本人。这类终极幻想的背后,其实是同一个思想:人类同一性是建立在大脑的基础上的,除此之外,更换其他一切都不会改变其同一性。那么,把人类大脑移植到 AI 机器人上,或复制出来一个类似的硅基大脑,就都是有理论可依的。如果我们可在这一点上达成共识的话,打造出一个可供新"连接组"栖息的供养系统便势在必行。也就是说,一个值得进一步讨论的技术问题自然浮出水面:一旦解决了神经解码与编码的难题,如何在以硅基为主的系统中供养碳基大脑呢?我们对脑供养系统足够了解吗?

## 脑部供养

现在,让我们正式讨论大脑的体外供养进展。

伟大模仿伟大。许多经典的科幻电影的灵感来源都与一位哲学家的著作有关。《黑客帝国》《异次元黑客》《盗梦空间》《源代码》等影片的编剧都应该感谢哲学家希拉里·普特南,后者在 1981 年出版的《理性,真理与历史》一书中系统地阐述了"缸中之脑"的思想,而正是这一思想实验催生了多部以此为设定的经典电影。

书中,"缸中之脑"的思想是这样表述的:一个人被邪恶的科学家施行了手术,他的大脑被从身体上切了下来,放进一个盛有维持大脑存活的营养液的缸中。大脑的神经末梢连接在计算机上,这台计算机按照程序向大脑传送信息,以使其保持一切完全正常的幻觉。对于他来说,似乎人、物体、天空还都存在,自身运动、身体感觉都可以输入。这个大脑还可以被输入或截取记忆(截取掉大脑手术的记忆,然后输入他可能经历的各种环境、日常生活)。他甚至可以被输入代码,从而"感觉"到自己正在这里阅读一段有趣而荒唐的文字。

听起来,"缸中之脑"把大脑这一器官"孤立"起来,认为它可以像苹果一样,从树上摘下还能继续保持发育。因此,有许多科学家批评过哲学家的这一假想。其中最有力的意见指出,人类大脑并不是孤立运行的器官,一方面,它需要肢体、内脏等的配合,也就是说神经系统要和运动系统、感觉系统、内分泌系统等一起配合工作,且并非所有的信号都可以转换成生物电信号;另一方面,人类的肠道等系统中也存在神经元,可将它们可看作另一种"肠脑",其同样会影响人类的情绪、认知等,所以只有一个大脑并不能实现人体所有的功能。想想章鱼吧,它的大脑是一种"分布式算法",数个触角上均有大脑,并可以独立下达指令。人类等哺乳动物的大脑是一种"集中式算法",几乎所有的信息都要上传到大脑进行处理。既然是"几乎",就意味着神经系统还有许多未解之谜,所以只能将"缸中之脑"看作一种哲学家的狂想。

我们认为,这些批评意见固然有道理,但有些偏离科学技术的发展轨道。事实上,人造皮肤、神经义肢已经足够发达,人类理论上可以期待未来有不输给人手的器官出现,它们与大脑之间的连接足够使其"像过去"一样灵敏。此外,植入肠道系统的纳米机器人正在努力把化学信号转换成生物电信号,所以内分泌系统也并非不能取代。最后,硬件上的升级意味着更大的机会,譬如硅基人手可搜集的环境信息更丰富,肠道纳米机器人不需要通过情绪来告知大脑是不是该停止进食,直接转换成语音信息即可。比较而言,我们更应该关心的

是,能不能创造出一个可供大脑运行的微环境? 这项解码工作可以
与破译大脑、神经解码的工作同时进行。

让我们来看一看人类大脑的"原生环境"吧! 大脑是被包裹在坚
硬的颅骨下方的,颅骨由 23 块形状大小不一的骨头组成。穿过颅骨
向下走,我们首先看到一层坚韧的双层膜,它叫硬脑膜。再往下走遇
到一层蛛网膜,它的下方就有空隙了,空隙里是脑脊液"地下河"游走
的地方。蹚过脑脊液,我们就看到一层软脑膜,它紧紧地贴在大脑表
面,把它戳破,你的手指就触及了真正的大脑表面。在那里,一共有
860 亿神经元细胞和 10 倍于神经元的胶质细胞需要"气血"的供养。
一份上好的"气血"不但要包括氧气、葡萄糖,而且要包括谷氨酸、谷
氨酰胺、γ-氨基丁酸(GABA)等代谢中间体,同时还要能够及时带走
大脑工作时产出的代谢废物。能够同时提供这些必需物和处理代谢
废物的微环境就是我们要追求的。至于颅骨、硬脑膜和软脑膜等,都
可以暂时放在一边,它们都是进化出来保护大脑的。如果我们可以
制造出莫氏硬度堪比钻石的新型保护外壳,又何需在石块或斧子面
前不堪一击的颅骨呢?

## 实战

把脑供养系统发挥到极致的应用,就是再造一个完整的大脑,并

使其拥有完整的生理功能。但截至 2019 年,这一目标仍太遥远,虽然有效的脑供养系统已经初具雏形。2018 年 4 月,美国耶鲁大学的内纳德·塞斯坦(Nenad Sestan)成功让猪脑在体外培养箱存活了 36 小时。实验中,他们一共从屠宰场借到了 100 多个猪脑,并把它们培养在搭载有加热器的人工血液中。根据内纳德·塞斯坦的说法,有些猪脑仍然"活着",只不过不再有意识——他们试图用放置在猪脑表面的电极检测脑电波活动,但都失败了。科技媒体给予这项成就很高的评价,称其"改变了死亡的定义",但实际上如果这些猪脑不再有神经活动,那么就只是一个无用的器官而已。内纳德·塞斯坦的同行、精神病学家史蒂夫·海曼(Steve Hyman)评论道:"这些大脑可能受损,但如果其细胞还活着,它就是一个活的器官。"

今天,人类已经可以培育一个大脑类器官,也就是一个具有组织结构的三维脑器官模型。虽然只是一个模型,但它拥有类似于大脑的功能。另外,人类还可以培育体外脑组织(ex vivo),其可以被看作简化版的体外大脑。比如,2013 年,澳大利亚的神经学家玛德琳·兰卡斯特(Madeline Lancaster)就第一次用干细胞培育出了一小团有功能的球状脑组织。虽然玛德琳·兰卡斯特培育的脑组织缺少微血管和胶质细胞,但它为后来者指认了一条行之有效的技术路线,那就是先分模块化培育出脑组织,再把它们拼装起来。

2017 年,美国斯坦福大学和澳大利亚科学院的团队就是这么做的。他们先用干细胞培育出皮层与内侧神经层隆起类器官,再把二者进行融合,最后惊喜地发现"人工促融"的类器官神经网络是有功能的,兴奋神经元、抑制神经元和支持细胞一应俱全。2018 年,美国维克森林大学再生医学研究所的人也培育了一个有血脑屏障功能的微型脑组织。该类器官虽然距离真正的大脑十分遥远,但可以用来做药物测试的模型。毕竟,血脑屏障是阻挠药物进入大脑的最大障碍,有了这种极简化的大脑类器官,药物测试便有了新可能。

同样在 2018 年,美国索尔克生物研究所的工作人员把一颗黄豆大小的人类大脑类器官植入了健康的老鼠体内。这颗"人脑"居然存活了 233 天,它就像新生儿的大脑一样,在老鼠的"供养系统"中汲取养分。更大的一项成果诞生于 2018 年末,美国加州大学圣迭戈分校的团队在其培育的小脑类器官表面检测到了脑电波!有脑电波便意味着脑神经元在形成同步网络,所以才能有节奏地放电。更进一步,研究人员发现这些小脑类器官的放电模式十分像 25 ~ 39 孕周的人类婴儿的脑。那么,这是不是意味着这团小脑类器官有了"意识"?事情一下子有趣起来,毕竟 25 ~ 39 孕周的脑电波已经达到早产儿的水平了。

值得注意的是,这些成就大都发生在最近几年,因此我们有理由相信新的成果将层出不穷。一个将会被深入讨论的问题是,大脑类器官和类脑计算技术的成熟,能不能告诉我们关于意识的答案?也许泡在脑供养系统中的大脑可以与外界交流,就像从一个社交媒体的一端发来信息一样。届时,随着体外大脑存活时间的延长,其有可能从早产儿发育到成年人水平,然后告诉我们脱离躯体活着的感受。那样一来,拥有躯体的人类反倒要羡慕起泡着的大脑了——只要供养系统不断电,后者便获得了永生的机会。

## 身体的能量供养

人类复杂社会的起源可以由一些基本要素驱动。比如,如何让农民留在土地上不再四处迁移?答案跟让一位狩猎-采集社会的男人停止迁徙一样简单,只要他的劳动可以得到正收益即可。一个哈扎族猎人会仔细计算一天的消耗,从而决定追击猎物的距离。与此类似,人类复杂社会就是这么来的:在 11 000~14 000 年前的中亚,驯化动物(牛、马、羊)和驯化植物(小麦、大麦)让劳动有了正收益,人们从而可以养活更多的人口。对中亚村落的科学考古发现,使用野生小麦和大麦酿酒的历史早于农业的发明。四处迁徙的生活不可能制造大型的酿酒设备和作坊,但定居下来以后可以了。于是,他们在大地上驻留下来,开始修建定居的建筑物和村庄。这时候,女性因为不用再迁徙,便可以每 1~2 年孕育一胎,而不是像过去那样每 3~4 年才孕育一胎。如此一来,人口数量迎来了第一次大爆发。随后,祭祀人

员、国王、官僚、艺术家和军人阶层开始出现——是能量获取效率的
提升让一切成为可能。

　　大脑就相当于一个微型社会,营养供应充足的话,大脑的各种功
能便能得到充分的发育,特别是认知功能。营养发育假说认为,成年
期前的营养供应决定了个体大脑认知水平的高低。人类、鸟类都是
如此,所以雌鸟偏爱那些幼年期营养充足而能发出复杂鸣叫的雄鸟,
那些幼年期营养不足的雄鸟成年后则不易学会复杂的鸣叫。卵色适
应假说认为,斑姬鹟的鸟蛋之所以是天蓝色的,是因为鸟蛋的颜色与
雌鸟排卵期的身体状况有关,雌鸟的身体状况越好,天蓝色越重。此
外,智人大脑容量的攀升,据信也与烹饪等饮食方式的革命有关,因为
摄入熟食更有利于消化、吸收,同时可大大减少进食的时间。所以,不
管是在微观还是宏观层面,有机物摄入充足与否和摄入方式都会影
响到人类的进化,最终改变人类社会的演化进程。

　　至此,我们可以得出这样的结论:能量获取效率的提高,将为人
类社会的演变提供直接驱动力。贾雷德·戴蒙德在《枪炮、病菌与钢
铁》中提到,世界上的 20 多万种植物中,曾经能被人类直接食用的只
有 2 000 多种。然而,这 2 000 多种植物分布在世界各地,且野生种的
产量不高,还富含有毒物质,比如木薯在食用前必须用水浸泡过夜,并
高温烹煮以去除其中有毒的氰化物。在这 2 000 多种植物中,200 多
种有被驯化的潜质。在 20 世纪科技发展之前,人类能驯化的体重大

于 100 磅(约 45.4 千克)的哺乳动物有 14 种。其中,小麦、大麦、玉米、水稻,以及羊、牛、马、猪的加入,为定居社会的农民提供了"高能电池",人口的增长速度以及种群的进化速度因此比其他任何狩猎-采集社会都快。这种驱动效应是跨时代的,直到今天依然成立。

伊恩·莫里斯在《人类的演变:采集者、农夫和工业时代》一书中提醒道,我们再一次看到了更高效的社会能量获取方式,大幅扩张了人口规模,然后又反过来迫使人们重新组织社会,以便在与经历着同一历程的邻居们的竞争之中保持优势。随后,社会整体的价值观念也将随之改变。在 17 世纪,西北欧国家开发、利用了大西洋周边的能源,并使能量获取率提高了 10%。于是,就像雅典和威尼斯等海洋城邦在多个世纪之前控制了地中海沿岸一样,能量红利开始涌现。17世纪之后出现了真正的平等运动,18 世纪政治革命横空出世——正是在 18 世纪,欧洲学会了开采和使用化石燃料。

至此,我们可以停下来回顾一下人类历史:瞧,12 000 年以前,中亚和西亚人类发明了农业;数千年之后东亚人再次独立发明了农业;又过了几千年,中南美洲人第三次发明了农业。应该说,每一次农业的发明都会给人类带来大量的驯化动物和植物,它们在大航海时代来临后在不同的国家和文明社会间相互传播。这些都是好事情。但是,等到化石燃料驱动的工业被西欧国家发明之后,它们迅速获得了绝对优势,这些优势如水之就下,成为席卷亚洲、非洲和拉丁美洲的风暴。这一次,文明落后的社会没有时间再重新发明工业,他们只能选择融入其中。我们能从中得到的教训就是,能量获取效率的高低仍然可用于重塑国家和世界。

## 不再养活一整只鸡

肉类是密度最高的"能量电池"之一,而且还是蛋白质的一大来源。事实上,分肉塑造了灵长目动物的本性。人类学家一再发表这类主题的论文,譬如前文所介绍的,黑猩猩在分肉时,会根据彼此功劳的大小来分割猎物(一般是猴子)的大小,这就要求黑猩猩必须记得住彼此,而且还能在大脑中准确评价对方。最简单地,根据对方过去的行为来决定今天与之相处的态度。同时,在强烈的分肉需求面前,黑猩猩会主动融入狩猎群体,以便在成功后分一杯羹。此外,雌性黑猩猩为了参与分肉,必须努力讨好雄性黑猩猩,最常用的方式就是用性来换取。这样,雄性与雌性均通过分肉确立了同性联盟、异性合作的关系。作为黑猩猩的"近亲",人类也拥有这些特性。很长时间以来,只有居于社会高阶层的人才有分肉、食肉的权力。

分肉还能反映男女不平等。2017 年,中国科学家检查了新发现的 175 具新石器和青铜时代的遗骸。青铜时代的遗骸身上的结缔组织和胶原所携带的一种氮元素标记,能够为我们清晰描绘出他们生前的饮食情况。结果发现,公元前771—公元前221年的中国男性仍然以小米和肉类为主食,但是女性的主食好像只有小米或小麦。在这一时代的大量女性骨骸中,发现了眶顶板筛孔样病变,这是一种儿童时期营养不良所致的骨质疏松症。换句话说,青铜时代的女性从幼年时期就被不平等对待,男性可以吃到肉,但她们不能。此外,这些女性的陪葬品也普遍少于同时代的男性,再次证明了她们处于不平等的地位。

你可能想不到的是,人类直到今天仍然面临着吃肉的问题。虽然在中国、美国、欧洲国家的市场上,常见肉类的价格并不高,普通平民家庭都消费得起。但是,统计模型表明,未来50年人类的肉类消耗量会增加70%。考虑到牛、羊、猪等动物是重要的温室气体来源,人类为了应对气候变暖必须对吃肉的习惯进行调整。如何调整呢?1931年,英国首相温斯顿·丘吉尔就在一篇发表于《河滨》(*Strand*)杂志的文章中给出了答案:人造肉。丘吉尔"睿智"地想道:人们想吃的只是鸡胸肉,那为什么要养一整只鸡呢?20世纪50年代,荷兰医生威廉·范艾伦提出,可以用干细胞来培养鸡胸肉,这样我们就可以在生产线上源源不断地生产鸡胸肉。这并非天方夜谭!先报告一个数字,在2005—2010年,全球人造肉市场增长了18%,仅美国一个国家的市场销售总额就达5亿多美元。

根据食品科学论文《基于肉类原料的3D打印技术研究进展》,

3D 打印的人造肉也价格不菲。目前,一种 3D 打印的人造肉的原材料是各种来源的肉糜,在去除结缔组织和多余脂肪后,添加稳定剂、增稠剂、护色剂、发色剂、多价螯合剂、抑菌剂、盐和相关酶,再使用特殊的喷嘴"打印"。还有的人造肉技术则是"打印"细胞生长、繁殖所需支架的肌肉细胞和脂肪细胞等。总之,关于人造肉的研究越来越丰富多彩。

最为重要的是,我们需要意识到各种人造肉技术逐渐成熟意味着什么。狩猎社会的猎人从猛犸象和果树上获取能量,后来定居时代的农民从耕地上获取能量,食物的精细化和牛奶等乳制品的加入既改变了人类乳糖消化类基因的演化,也让人体消化系统产生了适应新食谱的变化。再后来,工业社会的人们通过集约化生产,大大降低了获取能量的代价。如今,人造肉这种技术却可以让人们只得到鸡胸肉而不必养活一整只鸡,这就意味着获取能量的代价将进一步降低。应该看到,人造肉只是这类技术的一个代表,人类在摄取能量的效率上不断创新,将创造出新型的消化系统和重新组织化的社会。人类自我驯化,已是大势所趋。

这一章,我们先是讨论了大脑的供养,然后又讨论了新的"身体"的供养。有此二者,正如前文所述,我们完全可以期待迎来一个重新组织化的人类社会。

　　有意思的是,就在这一章节马上完成的时候,我看到了一位研究类器官的朋友分享的科研进展,提到了目前在实验室培养大脑等类器官的难处。理论上看,人类已经可以培养多种类器官,并给予它们物质、能量的供养,使得它们可以存活比较久的时间。有趣的是,人工培养的泪腺类器官还可以在外源激素的刺激之下分泌泪液。然而,实际上的难度仍然不小,特别是大脑类器官。因为要维持氧气的供应不中断,否则会导致缺氧的永久性损伤。不过,乐观的研究人员正在全世界多个实验室里进行着此类实验,人类的探索永无止境。

# 第8章　微循环系统的从头设计

## 霍乱启示录

社会的"肌体"与人的"肌体"类似,内部都充满着特定的循环系统。因此,我们可以通过探讨在社会肌体内部流行的疾病隐喻,来全面地一探人体微循环系统从头设计的究竟。

霍乱弧菌(vibrio cholerae)堪称"自我优化"的进化大师。当它们遇上因遭遇抗生素而被迫裂解的同类时,会伸出长长的菌毛去"战场"上淘换好东西,如携带了抗药基因的双链 DNA(dsDNA)。人类血清里要是检测出过高的 dsDNA 抗体可不妙,那通常是系统性红斑狼疮的标志物。但对霍乱弧菌来说,通过菌毛尖端的直接接触把dsDNA"拽"进体内,整编到自己的基因组上,只是正常的"水平基因转移(horizontal gene transfer)",它们借此获得免于被抗生素杀死的"基因武器",这可比自然进化快多了!

看起来,这种可引发烈性肠道传染病的革兰氏阴性菌很强大。但实际上霍乱弧菌的"野外生存能力"并不强。以在历史上曾6次大流行的古典型霍乱弧菌为例,它们对热、干燥、化学消毒剂、阳光和酸(包括胃酸)都特别敏感,在胃液中只能存活4分钟。你只需要使用0.1%的高锰酸钾溶液浸泡蔬果数分钟,就可以杀死它们。霍乱弧菌"作怪"的武器是合成释放霍乱毒素,这是一种在56摄氏度下加热半小时即可失活的蛋白质。一般来说,霍乱弧菌想要伤害人体,必须事先在低温的饮用水中集结一定数量,才能在胃酸的一番淘洗后剩下足以致命的个数。一旦致病性的霍乱弧菌,如El Tor生物型成功侵入碱性的肠道,患者将在12~24小时内迅速脱水死亡(每天仅大便次数便可达数十次)。

威廉·麦克尼尔(William McNeill)在《瘟疫与人》一书中这样描述霍乱流行时的人间惨状:"猛烈的脱水使患者在数小时内便干枯得面目全非,微血管破裂使得肤色变得黑青。患者死亡时的情形格外触目:身体衰亡的加剧,就像一部用慢镜头拍摄、用快镜头播放的电影一样。这些提醒着旁观者,死亡是多么的狰狞、恐怖和完全不可控制。"

即使这样,霍乱在一开始只是一种地方性流行疾病。霍乱能入侵印度与朝圣者的周期性移动有关。大量的朝圣者会在一年中的特定节日涌到霍乱弧菌肆虐的恒河下游,后者潜伏在水中,并最终被转移到人类的肠道中。霍乱一般在 2~3 天后发病,患者正巧也回到了家乡,于是病菌又多了一个屠戮的杀场。等到了 1817 年疫情再次流行时,英国商人和军队的船舶驶进了印度的加尔各答的港口。此后,病菌分两条路线,开始向世界进攻:第一条走陆路,由英国军队士官们的肠道带到尼泊尔和阿富汗;第二条走海路,在 1820—1822 年分别抵达锡兰、印度尼西亚、东南亚大陆、中国、日本和阿拉伯半岛,随后进入波斯湾、伊朗、叙利亚、安纳托利亚和里海沿岸。如果不是 1823—1824 年的冬天异常寒冷,这条长途传染路径的尽头——俄罗斯也要遭殃。

我们可以假设,如果英国船舶没有到过加尔各答港口,印度教徒没有进入疫情中的恒河下游,又或者那些大英帝国的舰队没有继续向其他国家航行,那么霍乱也就不会流行到全世界,霍乱弧菌也只能在老地方周期性肆虐一番。但这些都是不可能的,为了预防潜在的疫情传播而放弃帝国的殖民?那些喝葡萄酒的贵族和商人们是不会答应的。更何况,即使疫情登陆英国本土,受灾的也不是他们。

霍乱弧菌的传播需要不洁净的公共水源、肮脏的污秽处理系统和不佳的卫生习惯,这些"前提条件"在欧洲军队和上流社会中基本都不具备。威廉·麦克尼尔写道:"詹姆斯·林达力主在船上设置海水蒸馏器,以确保纯净饮用水的供应;此外,把新入伍的人加以隔离,直到他们洗完澡并换上统一的新制服,这也是一种控制斑疹伤寒发作的简单做法。还有使用奎宁对付疟疾,不准在晚上登上有疟疾流行的海岸等规定,也在林达的指导下被引进了。"英国军队如此,法国军队也如此:"从巴黎贫民窟和偏远的乡村征召来的年轻人一起,源源不断地充实着法兰西共和国的军队乃至各个阶层,然而,尽管新兵的疾病经历和随身携带的抗体各种各样,医疗团队仍有能力应对大规模的疾病暴发,并利用新的发明,比如公布于 1789 年的琴纳的疫苗接种术,来提高其负责照顾的士兵的健康水平。否则,作为拿破仑时代特征的大规模陆战就不可能发生。在被英国海军长年累月封锁的法国港口,对柠檬汁的依赖几乎等同于枪炮。"这些措施其实都是在控制霍乱传播的路径。

预防霍乱等烈性传染病还有最重要的一招,就是控制传染源,比如对公共水源和下水道系统进行重新设计。对研究城市史的人来说,这一点很容易理解。可以说每一座城市的崛起,都离不开一段堪称气势恢宏的公共水源和下水道系统建设史。

早在 1832 年霍乱首次登陆英国的时候,英国政府卫生委员会就迅速成立。16 年后,当新一波的霍乱疫情再次在亚洲肆虐时,英国国会提前授权成立了中央卫生委员会,该组织立即在全国开展清除霍乱潜在传播源的工作,努力推动全国下水道供水和下水道系统的重新设计。仅仅一周后,霍乱便传播到英国,但并没有达到像亚洲一般严重的疫情。很快,英国经验就传递到了欧洲内陆和北美。1892 年,霍乱在德意志帝国的汉堡市传播,但与汉堡市隔了一条易北河的阿尔托纳市却得以幸免。原因是阿尔托纳市很早之前就建立了一座供应全城饮用水的过滤工厂,而汉堡市民的日常用水仍然直接从易北河取用。如果这两大城市代表两种人类的话,我们很容易推断出谁会在演化中胜出。

## 血脑屏障

为了表述方便,请允许我们把大脑比喻成一座城市。

经过数百万年的演化,"大脑之城"远比汉堡市或阿尔托纳市更加牢靠。从物理防御上看,大脑居于一层厚硬的"颅骨城墙"保护之下。人类考古学证据表明,颅骨硬度增加是演化的结果。早期人类,包括较晚出现的匠人的头骨都还是比较薄的,虽然他们的身高可达到 190 厘米,但头禁不住丝毫殴打。到直立人和早期智人阶段,人类的腭骨出现明显加厚,眉弓也变得更高,这是因为人与人之间的互动增强了,暴力争斗也变多了,所以颅骨硬度更大的个体存活了下来,他们的后代继承了父辈的"硬头骨"。如果用莫氏硬度来度量的话,人类颅骨的硬度在 3~4 之间。需要说明的是,方解石的莫氏硬度为 3,钻石的莫氏硬度为 10,所以你大致可以想象,人类的颅骨硬度介于不同的石头之间,应付一下同类的拳头打击是没有问题的。

　　然而,大脑面临的威胁可不止拳头或棍棒,更可怕的是看不见的细菌和病毒。大脑这座城池,必须源源不断地跟外界发生气体、养料和代谢废物的交流,也就是保持对外开放性。那么在此过程中,有害的病菌等微生物便有可能顺着"城内运河"悄悄入侵。是的,大脑也有类似护城河的系统。想象一下,有一个大分子病毒侥幸绕过免疫系统进入了血液,然后随着血液循环径直向头部进发,那么它很快会遇到横亘在血液与神经元之间的第一道屏障。在那里,内皮细胞彼此重叠、层层覆盖,像足球赛中罚定位球时球门前的队员一样密不透风。大分子病毒可能想绕道,如混进脑脊液中去,但血液与脑脊液之间也存在一个由内皮层细胞组成的屏障,这些屏障有一个共同的名字——血脑屏障。有它们在,氧气、二氧化碳等小分子可以通过,但病毒、细菌等微生物大分了乃至药物大分子都无法通过。

　　这里让我们单独介绍一下脑脊液系统,它是脑部微循环系统的一部分。脑脊液流经整个大脑,如果大脑是一座小巧的江南春城,那么脑脊液就是衬托这座小城的河网。这张河网的水从树丛状的微静脉中流出,然后顺着大脑内外的空隙缓慢流动,就像流水绕城一样串联起整个颅腔,最后会在蛛网膜颗粒处集结,重新回到微静脉。在这个过程中,脑脊液会被大脑各部分物质按需取用,同时还会接收它们抛洒的代谢废物。所以算下来,脑脊液全天的平均流量可达 500 毫升,相当于一包纯牛奶,但经过吸收取用,大脑中的游离脑脊液只有100~160毫升。这些液体少了不行,不然大脑会失去浮力而在重力的拖拽下难以维持形状,无法及时运出的代谢废物也会阻塞脑部微血管;但多了也不行。前面提到,颅骨硬度是很高的,所以大脑的形变范围极其有限,当一个人因为病变或受伤而致脑积水时,这些液体便无处可去,只能压迫大脑,严重的情况下会导致大脑发生不可逆转的功能损伤。

百密终有一疏。一方面,血脑屏障可能因为发生老化或病理性变化,从而门户大开;另一方面,对于正常的血脑屏障,人类开发的药物也已经有至少 6 条途径穿越它们,如受体介导的经胞融合(RMT)、细胞介导或载体介导的转运等。这句话透露着隐患:如果"好人"可以想办法穿越血脑屏障,那么化妆成"好人"的"坏人"是不是也可以?电影《雷神》中伟大的北欧光明之神海姆达尔守护着彩虹桥,理论上他只允许"好人"进入阿斯神界,但那些伪装成雷神或奥丁的反派一样有可能进入阿斯神界。事实确实如此。大肠杆菌会分泌一种蛋白,这种蛋白会和血脑屏障的基本单位内皮细胞上的一种跨膜蛋白结合,这就等于在结界上给病菌开了一扇小门。一旦大肠杆菌得以顺利进入大脑,猛烈的脑膜炎就来了!这正是血脑屏障的一大缺陷,既给人类输送靶点药物造成了麻烦,也让一些病菌有机可乘。

## 微循环系统设计

说完了微循环系统之一——血脑屏障的防御力,再来看微循环系统的物质输送功能。仍以城池为例,如果你是一位罗马帝国时代的造反将军,想攻破罗马城而自立的话,你会如何选择进攻的策略?直接摧毁城墙,还是集中兵力进攻坚固的"血脑屏障"?

也许你会选择围城战术。也就是说,摧毁大脑并不需要猛烈的暴力打击,只需要切断大脑的能量供应即可。摊开"大脑之城"的地图吧! 看到地图上蜿蜿蜒蜒的河网了吗? 这些河道从城池的四面八方向外延伸,在它们上面来回运输着养料、氧气和代谢废物。如果你把主要的河道封锁住,那么大脑就会因缺血、缺氧而坏死,如此一来,进攻者便可不战而胜。

详细来说,大脑的"河网"主要由两部分组成:一部分是微静脉,另一部分是微动脉。两者又分叉出多条细小的支流,血液便在两张"河网"之间穿梭流动。其中,微动脉的管壁上有平滑肌细胞,它们控制着"河道"的流量和流速。这张"河网"中,有一些通路是一直全面开放的,有一些并不全开,还有一些在正常情况下保持关闭。比如,只负责调解体温而不承担物质交换任务的动、静脉短路,该通路只在感染或中毒休克的紧急情况下才短暂打开,如果打开的时间久了,其他微循环通路的血流量就会大大减少,相应脑组织便会因此缺血、缺氧。

正常情况下,人脑的微循环系统十分精密,就像有一个尽职的海姆达尔日夜守护着一样。由于大脑太特别,它不会像其他脏器一样储存能量,因此必须时时刻刻保持微循环系统的畅通,其内部的星形胶质细胞、血管平滑肌细胞、内皮细胞、周细胞等才得以正常工作。此外,光畅通是不够的,整个系统的灌注压等各项血流动力学指数也必须保持稳定,要与大脑的代谢情况相配合。配合不当的话,健康就出问题了。

如果有纳米机器人被分配到人体"内河网络"系统工作的话,它会沮丧地发现,几乎所有的心血管病都是物理学(流体力学)问题。当人体紧张、突然激动时,都会造成大脑微动脉内的血流突然加速,进而可能损伤血管壁。于是,纤维、胆固醇、玻璃样物质便容易在血管壁的小伤口处堆积。久而久之,血管壁增厚,管腔也变得狭窄,最终导致血栓的形成。此外,微动脉血管壁上的内皮细胞可能丢失,从而失去调控流速的作用,那么脑血流量失控的风险,即栓塞风险就上去了。即使不丢失,内皮细胞的老化也会导致血液中的有害成分溢出管腔,造成血管壁肌细胞损伤和周围脑实质的弥漫性损伤。

总之,脑部微循环系统的材料属性让我们不能放心。也许我们可以安排更多的纳米机器人 24 小时巡逻修复。但是,这些小机器人可以抵挡得住各种代谢废物,如醛类、胆固醇席卷而来吗? 它们又能及时清除从坏掉的内皮细胞等处溢出的病菌吗？2018年，一项研究工作证明，口腔细菌是大脑罹患阿尔茨海默病的风险因子。因为口腔距离大脑太近了，牙齿上的牙龈卟啉单胞菌可到达内皮细胞面前，然后破坏它，引发血小板聚集，最终通过炎症反应破坏血脑屏障。纳米机器人足够强大的话，它们应该赶在病菌抵达内皮细胞前就消灭它们。

此外，在美国耶鲁大学开发的脑供养系统BrainEx中，研究人员成功地恢复了脑部微循环，那些猪脑被连接在封闭的管道和储液池中，这些液体在一种灌注液的驱动下，把氧气输送到猪脑的脑干、小脑动脉和大脑深处，从而使得猪的大脑在封闭的管道和储液池中"存活"一段时间。问题是这套设备可用在人脑上面吗？据设备研发方给美国国家卫生研究院的报告，答案是肯定的，而且该技术还存在很大的改进空间。可以想象，这类设备很可能最先在灵长日动物，比如恒河猴的大脑上进行实验，然后经过重新设计和改进，再应用到人类大脑上。


未来，我们所需关心的是从头设计的微循环系统是否可以供养人类的大脑。在上一章中，我们已经谈到了供养大脑的技术难度，而微循环系统是其中最关键的一环。我们期待着"缸中之脑"真正落地的那一天。

第三部分

# 未来社会的可能性

# 第9章 物质束缚解除后的新生活

"把复杂的机器和人类结合起来进行合作,可以实现双向强化的工作场景。我们相信,知识工作者个人应该拥抱这一点,而雇主为了提高自己的竞争力也应该追求这一点。同时,这也是国家和政府应该在大方针和小政策上都要鼓励的事情。"

——美国巴布森学院知识管理和人工智能教授

托马斯·达文波特(Thomas Davenport)

## 古代盐户的故事

我们常说物质是生活的基础,但却不知道极端受限于物质条件的旧生活是什么样子的。关于这一点,丰富的人类历史可以告诉我们。

摊开时间的地图,一起走近南宋时期的闽浙一带。拥有历史学家的视角,便可以看见在长时段的时空里,哪些逻辑在驱动着人类社会运行。

在南宋的闽浙地区,比邻而居的人们生下的儿子可能被"内置"不同的命运。凡盐户之子,按照当时的法律规定,不能轻易改换行业,等于一生下来就注定了一生的不自由。归根结底,还是食盐太重要了,所以要掌握在官府手里,负责煎盐的平民也要控制在官府手里。除了闽浙一带之外,南宋时期一共有"4+1"个食盐大产区,前 4 个分别是淮南东路、两浙路、福建路和广南东西两路,这些地方生产的是海盐;后 1 个为四川各路,生产的是井盐。这些产区为官府贡献了大量的财政收入,其生产、运输、销售处处可见官府伸出的触角。历史学家梁庚尧曾用一句话总结官府的盐业指导思想:在完全掌控产销过程的情况下,官府以高出成本甚多的价格出售食盐,取得了丰厚的利润,盐业成为其所倚仗的财源。这种情况下,负责煎盐的平民家庭被列为"盐户",职业在家族内部世代流转。

按照官府明文规定,每一家盐户都要与其他几家盐户合用一个灶头煎盐。每一年,当地官员会逐一下达各户的煎盐数额,不完成显然是不行的,即使超额完成也不允许私卖。为了防止私盐交易,官府在制度上做了安排,若干灶又组成一甲,由盐户充当甲头,彼此互相稽查,以防止私煎、私卖。官府在盐场设有催煎官员,负责督导盐户煎盐。当然,严厉的政策一向会给配合度高的个体"法外开恩",官府会允许那些超额完成煎盐指标的家庭把多煎的盐以稍高于官府指导定价的价格卖掉。到了南宋中后期,这种"自由市场"稍稍扩大,盐户半公开地把盐卖给出价更高者。同时,投资盐井的人也增多了。

一份统计数据表明,仅四川一带以盐业为生的人口就达数万。在当时盐业兴盛的简州,大盐户拥有数十口盐井,一般的盐户也有五六口盐井。但问题是官府、盐商对盐户的欺压太严重了,这导致了盐户弃井逃亡。"自由市场"不自由,行业退出充满违法性。于是,南宋绍熙年间,官府推行了盐业整顿和改革,但改革的目的是让盐商重回运销引盐的"规范道路",让盐户所承受的压迫减轻一些,好安心为朝廷煎盐。

盐户的儿子的命运从本质上并没有改变,这在农业文明时代实际上非常普遍。农业文明最大的特点就是强迫劳动,这对之前的狩猎-采集社会是不可思议的。一直到今天,新几内亚和亚马孙流域的土著每天花在觅食上的时间只有 4~5 个小时,因为坚果与大蕉到处都是。只有狩猎作为高品质蛋白质源的动物,才值得猎手们带着食物到远处狩猎。但即使如此,到了晚上,猎手们回到营地,会围坐在篝火前分享经验,结束不算忙碌的一天。对古代农民来说,这是传说中"世外桃源"般的美好生活。

在古代农民的世界里,留下来或逃离似乎都不是好选择。狩猎-采集社会的成员逃离本集体,很可能在另外一个集体中找到位置,特别是女性成员的加入还会产生一个新的亲属结构。但在农民那里,逃离意味着可能成为其他集体统治阶层的奴隶。统治阶层经常需要建造庞大的社会工程,诸如殿堂、陵墓、矿山、道路等,因此需要庞大的人口来工作。有时候死刑犯会因此获得一条生路,但过于艰辛的劳动很快会夺走他们的生命。

总之,在古代农业社会,虽然可能存在少量"世外桃源",但整体上人们摆脱不了人身被束缚,精神也被束缚的命运。"率土之滨,莫非王臣",能往哪里逃呢?只有到了工业社会,"盐户的儿子"这样的人才能意识到,逃离故土,到达一个新的工业城市从头再来,过上一种大不同的生活是完全可能的。

## 从农业社会到工业社会

一万年前,全球各地陆续进入农业社会。人类农业社会最大的特点是人多,而且是单位居住面积上的人多。翻开全球地图可以看到,适宜种植小麦、大麦和水稻的区域并不多,这些区域汇集了大部分的人口。一方面,驯化植物养活了更多的人口,因此衍生出专门管理这些人口和劳动的阶层,也衍生出为了抢夺土地以及反抢夺的军队;另一方面,这些阶层又成了强迫人口进行强制性劳动的力量。人口不断增长,而土地面积相对有限,因此伊恩·莫里斯指出,强制性的长时间劳动是农业社会必不可少的。

让我们简单想象一个模型。一块并不富饶的土地,没有现代工

164

业化肥支撑的农业,初级的杂交育种,产量和形状都没有保证,不可预测的天气,同时这块土地必须支撑一大片区域的社会稳定。那些居住在茅草屋和富丽堂皇的大屋中的人们,都要靠这块土地养活。因此,一张刚度较强的生产网络便形成了,农民成了这张网上的结点。如果农民离开土地,结点解开,网络便不复存在。如果农民死在了土地上,结点腐朽,网络也将不复存在。

对统治阶层来说,适度的约束与宽松都是必要的。需要偶尔繁衍生息,也需要在大荒之年过后减少赋税。但不管哪种,农民都是不可以随便离开土地的,他们是维系社会稳定的结点式的存在。为了说服农民和治理农民,对应的哲学应运而生,东方、西方皆如此。比如,等级是必不可少的,人生不可以抱怨;人生来不自由,是不言自明的。这些思想在欧洲、美洲以及一切农业文明占主流的社会都是普遍传播的。人类学家称之为"去势",在这些思想的影响下,人们变得温和,野心不再,接受了生下来就被安排好的命运。同时,他们住在简陋的房屋内,过着弊衣疏食的生活,却丝毫不(或不敢)觉得不公平。他们在为整个社会的运行贡献着物质基础,自身却因为物质的匮乏而随时可能死于饥荒、瘟疫和战乱,并且毫无自由可言。

\* \* \*

真正的解放要等到社会经济进一步发展,新的生产方式出现才可以实现。美洲黑奴的故事应该可以很好地说明这一点。

在达尔文的时代,奴隶贸易渗透到了南美洲与北美洲的各个角落。即使是法国大革命的支持者,也很难反对一个可以为城市中数千人提供"职业"的奴隶贸易。当然,黑奴们的反抗从未停歇,绝大部分都以惨烈的失败告终。在一个案例中,350多名黑奴在起义失败后烧毁了挟持的荷兰商船,同归于尽。那些失败而没有死去(被镇压者杀害或自尽)的黑奴,还要在西班牙人开设的法庭上接受审判。这听起来是很荒唐的事情,但在当时的背景之下,终结奴隶贸易"在法律上没有依据"。于是,一根奇怪的链条形成了:首先,黑奴们的反抗并不能终结奴隶贸易,贸易让殖民地的商人越来越富有,于是他们便有资本向宗主国要求更多的商业权利。其次,宗主国被迫在贸易自由化问题上让步,给予殖民地的商人更多的"帝国内部贸易权",于是商人们更加富有,他们便要求更多的政治权利。最后,南美独立战争爆发,黑奴们被要求加入反抗宗主国的军队,他们被允诺将在战争胜利后获得自由。结果,战争胜利后多年,巴西、阿根廷、乌拉圭等国的黑奴才获得自由。瞧,不自由的结束要等待时代大背景的转换。

女性的解放则与工业革命的兴起息息相关。农业文明世界里,女性的任务主要是繁殖后代,她们被要求生育更多的孩子。孱弱的婴儿会遭到遗弃或被溺死。动物界广泛存在的亲子相食行为只有在大饥荒时才会出现,但和平时期的遗弃行为时有发生。一个问题是,人类世界为什么会有残忍的亲子相食或遗弃行为呢?

如果我们翻开 20 世纪多位人类学家的著作,几乎都会看到全球各地的溺婴等杀害亲生儿女的行为。这些人类并非食人族,他们这样做跟沙鼠、兔子、热带鱼、美洲豹等一样,都是一种在资源有限的束缚下的繁殖策略而已。就像在热带鱼的世界里,产下过多的卵意味着食物、氧气等资源有限,为了让更多的后代活下来,雄鱼会吞掉多余的卵。

这样糟糕的局面只有到了工业时代才有可能终结。工业社会需要人力,但对人力没有农业社会那么挑剔。在农业社会,驾驭一头耕牛需要更多的力量,通常只有男性才可以提供。但在工业社会的纺织厂,女性也可以加入生产线。因此,当时更多的人宁愿居住在肮脏的城市,从事着有害健康的工作,也不愿再待在乡村,因为在工厂上班有工资。21 世纪初的中国农村自杀率迅速下降也有类似的原因。据统计,农村女性普遍自杀率较高,而更多女性离开农村,走向工厂,这使得农村自杀率大幅下降。

对工业社会的人来说,自由扩大了,以至于死亡不再是有吸引力的摆脱束缚的选项。如果你已经理解了这一层意思,大概会明白电影《复仇者联盟》中的灭霸所持有的其实是人类旧世界的思想,就是仍然把人口当成问题,因而只能通过杀戮解决。

只有当人们不再依赖于他人也可以获得生活的必需品时,人与人的关系才会进入一种新的境界,即人与人之间的连接改变了,不必为了获取物质而绑定在一起,互相监督、互相约束、互相伤害,而是人与世界建立单独的联系,世界分别与所有人建立联系。与此同时,除非显然有利的必要,人与人之间不必再有连接。正是因为这一层原因,乐观的未来学家已经展开怀抱欢迎 AI 的到来,他们开始系统地探讨如何与 AI 建立各种连接,同时制定 AI 的道德标准、法律等。我们有理由相信,这样的社会可能就要到来。机器可以给你需要的一切,你自己身上也可能有一部分属于机器。比如,3D 打印的血管、电子眼镜、人工肾脏,你如何区分谁才是你真正的同类呢?

## 人机结合的未来

我们这一代人经历了 AI 的再次复兴,其规模与持久度大大胜过从前。这就会使事情发生新变化。比如,我们看到了越来越多相互融合的迹象。这其中最大的融合莫过于人类与 AI 机器的融合。要么机器融入人类的身体,要么人类的大脑融入机器,后者是我们整本书最乐于看到的未来。

第一种融合早已经出现在我们周围。神经义肢是一种,手术机器人也是一种。《纽约时报》的高级科技记者约翰·马尔科夫报道过研制手术机器人的 IS 公司,这是一家从美国斯坦福研究所分拆出来的公司。有意思的是,IS 公司专注于提升手术机器人的触觉感知,这是人类的手相较于机械手最大的优点。"使操作机器人的人员有触摸感,构建出一个机器人和人力的综合体,一台比人类医生更熟练的设备。相比软组织,骨骼更加坚硬,也更易通过触觉反馈感觉到。也就是说,手术机器人负责软组织手术,而人类负责骨骼的手术,机器人和人类分别做着自己擅长的事情,并形成一种强大的共生系统"。

这种技术体现了增强现实的特点。实际上,增强现实就是一种以人为中心的计算,在增强现实的世界中,网络就是你所处的空间。嵌入眼镜之中的相机能够识别你所处的环境,这也给真实世界添加了注释。举例来说,读一本书可能变为一种三维的体验,图片可能浮现在文字上,而超链接也可能带有动画效果,读者能够通过眼部的运动翻动书页。

物质基础的变动,分配模式的重构,在过去无数次改变了人与人之间的关系,也将在未来重构人类社会。更进一步,人类对 AI 机器的信任可能超过对同类的信任。别忘了,不用等到 2030 年或 2050 年,今天的医疗图像诊断类 AI 的水平已经超过了很多人类,那么患者信任这样的 AI 医生超过人类医生就是再自然不过的事情。

我们有理由期待更智能化的人机结合时代的到来。AI 机器融入我们的生活,甚至与我们的一部分身体相融合,然后赋予我们更多的安全感,解除束缚感。机器的表面虽然是冰冷的,但人工智能的机器之"心"却可能比我们自己更懂我们。

# 第10章 革命,向着传输思想进发

## 神交

这一章我们打算从两个看起来似乎风马牛不相及的话题讲起。但我相信,我所要说的关于人类沟通方式的起源、演化以及终极目标的信息,您肯定"接收得到"。

第一个是中国甲骨文的发现,第二个是美国漫威超级英雄电影《雷神3:诸神的黄昏》。前者告诉我们跨越时空的沟通是可能的,因为有文字的存在;后者启示我们与未来时空的沟通也许真的可以像神话中一样。

2019年是发现甲骨文的第120年。去北京出差的时候,我专门跑去看了国家博物馆的"证古泽今:甲骨文文化展"。中国的考古学家早在19世纪末就知道了刻字卜骨的存在,但一直到1977年在岐山附近周代遗址出土了甲骨残片,人们才知道原来用龟甲占卜既是商朝人的风俗,也是周朝人的风俗。比如,负责替商王占卜的贞人会用火烤牛的肩胛骨,或者中华胶龟、乌龟、黄纹龟、闭壳龟属或陆龟属池龟的腹甲,以此向祖先询问关于祭祀、征伐、田游、往来行止、疾病生死等信息。王朝的决策即依赖于此。这是比较有意思的,原来文化渊源不同,习俗与制度也不尽相同的商人、周人都会在做噩梦梦见奴隶逃跑或犹豫是否征伐其他小的方国时,问一问死去的祖先的意见。

主动求助是人类及其驯化物种常常做的事情。

比如,在维也纳一个训练狼的中心,研究者利用 15 只灰狼和 12 只狼狗做实验。它们都被单独放出,然后与驯化师一起走向一个装置。在那里,动物必须像人类一样拉动一个木制托盘的绳子,把托盘向外拖出,才能得到食物奖励。视频中,灰狼跑到托盘前直接用嘴咬住绳子拖出,然后享用奖励;而狼狗无一例外地先停下来望向驯化师,尾巴摆动,似乎期望得到授意,随后再咬住绳子,与人类一起把托盘拉出,享用奖励。实际上,在人类缺席的场景下,狼狗与灰狼在完成这项任务上的成功率没有显著差异,一旦有人在场就不同了。研究者假设狼狗的合作倾向也是狼性的一部分,但狼狗已经进化得学会了主动寻求人类的帮助或指示。这与其他实验室所做的研究是类似的:有主人在场时,狗做任务前会频频望向主人,并以低吟和咬拽裤脚的方式寻求帮助。瞧,知道向更强大的个体寻求帮助实际上是演化的结果。人类世界习以为常的"问道""祷告""求助于人""我将我享,维羊维牛,维天其右之"也是如此。总之,演化上懂得寻求帮助的人类得益于文字的发明,可以跨越时空向我们祖先的经验、知识或智慧求助。

＊ ＊ ＊

再说漫威的《雷神3:诸神的黄昏》,这部电影在商业上十分成功,它凑巧也可以用来说明人类沟通的起源。

在电影后半段,主人公雷神托尔被姐姐海拉打得落花流水,一只眼睛甚至被打爆。他与队友女武神、绿巨人在彩虹桥上拦截海拉,以掩护族人安全离开。眼看大势已去,雷神托尔深感自己无法战胜强大的姐姐。就在这时,托尔的灵魂出窍,忽然拖着疲惫的身体去见了父亲——众神之王奥丁。

在托尔虚构出来的场景下,奥丁带着悲悯的表情望着他。托尔说道:"父亲,我无法战胜她。"奥丁问:"为什么?"托尔摇摇头道:"我已经失去了我的锤子,没有它,我办不到。"奥丁忽然蔑视地回复道:"托尔,你是什么神? 是重锤之神吗?"

电影放到这里,影院里一片笑声。荧幕上,托尔仿佛醍醐灌顶。苏醒过来的托尔焕发出了神力,他手上出现了闪电。这时候,好莱坞的工业化配乐给得恰到好处,在电子音乐的渲染之下,观众的心也跟着跳起来。因为激昂的背景音乐告诉我们:雷神赢定了。是的,人类仅仅靠感知音乐的变化也能预测电影想要传递的情绪和信息。果

172

然,雷神赢了,观众大呼过瘾! 之所以说这个情节的设定可以很好地说明人类沟通的特点,是因为只有人类或托尔这种半人神才会如此强烈地依赖于沟通。

如果跟反派对阵的是一只动物,我们无法想象它会在危难之际,依靠抽象回忆来汲取精神力量。好像只有人类才会这样,而电影等艺术作品也习惯于编写类似的剧情:主人公在艰难困苦之际,失去了全部希望,也找不到任何出路,忽然他进入了一片抽象世界,在那里他见到了能帮到自己的人(一般是直系亲属或师长),然后他重新获得了力量,也找到了问题的解决之道。这里,只有人类才拥有这两样"宝贝":一是嵌套场景的构建能力,使得人类得以进行虚拟的时间旅行,想象不同的解决方案;二是与他人建立连接/关系的主动意图,由此获得来自他人(不管是活着的还是死去的)或所在群体的文化(不管是"此时"还是"彼时")的援助。这些就是沟通的力量。托马斯·萨顿多夫(Thomas Suddendorf)把这两个"宝贝"比喻成两条腿。人类正是靠这两条腿跨越了一条横亘在其与其他大型灵长目动物之间的"注意鸿沟"。

萨顿多夫认为,嵌套思维让我们可以对已产生的心理场景进行推论,就像我们能够画出自己正在作画的画面一样。我们还能够把各种各样的场景串联成更大的画面。叙述帮助我们解释事物为什么是这个样子,并且让我们有机会预测和计划事物将来的样子。不管我们本人的能力有多大，总是力有所不逮，于是灵活地构建场景想要成为人类的终极生存策略，需要第二条腿才能站稳。我们的祖先发现，更多地与他人交换想法能够极大提高心理场景构建的准确度。

　　一个简单的例子就是我们做一件事情前，会广泛征求周围同伴的意见，以防考虑不周；又或者类似于雷神托尔，在濒临绝望之际，我们从最信任的人那里获取建议。对托尔来说，即使奥丁在电影中已经死去，但他嵌套场景的能力，可以让自己根据过去的经验在内心想象奥丁的建议。人类相当依赖于沟通带来的好处，当个体置身于具体环境中时，视觉、嗅觉、听觉以及皮肤上的汗毛都会开足马力，接收和处理环境信息。举一个例子吧！美国西北大学的研究团队在《自然》杂志上发表了一篇关于"触感皮肤"设备的论文，这种设备无创、轻便，可以覆盖在你的手臂皮肤表面，然后靠机械振动实现可编程通信以及触觉输入。这么说吧，你远在千里之外的伴侣做出抚摸你的手臂的动作，然后由"触感皮肤"接收并解码，之后由每个重约1.4克的微型装置刺激你的皮肤，其振动频率和幅度都可以调节，随后你就能感受到被抚摸的"感觉"。相较于雷神的跨时空沟通，这种属于跨地理广域的沟通。成人世界的沟通不会因为时间或空间而被完全封锁，这在其他动物或人类婴儿身上是不可想象的。说到这里，还是让我为您补充一下人类的沟通能力起源的故事吧。实际上，万物皆有灵性，所以一棵树可以与另一棵树通过化学挥发物进行"沟通"，比如传递天敌啃噬的信息;动物也可以互相交流,传递警戒信息。然而,只有人类可以进行高级的沟通交流,这种主动求之于外的沟通能力,甚至早在我们的语言系统发育完全之前就形成了。

## 沟通的起源

人类在婴幼儿时期处于无助的状态,两大语言脑区(布罗卡区和韦尼克区)要到 2 岁以后才逐渐成熟。在此之前,婴儿无法使用语言来与成人进行沟通。可以依赖的,只有啼哭或以手指物。啼哭的沟通方式是我们很熟悉的,婴儿饥饿、困乏、不舒服时都通过啼哭来向外界传递信息,准确度只能依赖于成年人的判断。以手指物是在婴儿出生 6~7 个月发展出来的能力,这时健康的婴儿已经发展出唤起他人共同注意力的能力。比如,孩子想要一个塑料玩具勺子,他会先看看勺子,然后再看看你,他其实是在唤起你对勺子的注意。如果你仍然懵懂无知,那么他会以手指着勺子,暗示你把它递给他。如果你还是茫然不晓,他只能大哭,然后把难题交给你,让你去判断他到底因为什么而哭。聪明的家长往往无须等到最后一步,便能意识到:哦,孩子想要那个塑料勺子玩具!

然而,人类婴儿的这些沟通虽然低级,但比起动物,包括非人类的灵长目动物还是高级了不少。动物界的沟通处处可见。比如,在黑面长尾猴群体中有哨兵,当它看见一条蛇时,会发出蛇类警告声,其他长尾猴会立刻逃走;如果看见的是老鹰,哨兵猴子则会发出老鹰警告声来警示同类。但语言学家迈克尔·托马塞洛(Michael Tomasello)指出,类人猿固然能以特定的叫声来表示食物的种类或数量,也能以特定的叫声来传递信息,甚至在成长的过程中能学会响应新的叫声。但是,它们本身无法对这些声音做出主动性的响应,哨兵一旦看见危险就会自动发出警告声,其他猴子一旦听到警告声就会四散逃命,这些反应只是遗传上固定的适应分化(adaptive specialization)。

当然,类人猿并非不存在有意的沟通。研究发现,类人猿也可以像人类的婴儿一样,通过学习来掌握一些弹性化的手势语言。通过手势,类人猿也可以吸引到同类的注意力。比如,黑猩猩的手势有举起手臂、摸背、用手乞求、放下手臂、拍地、戳刺、丢东西、拍手等,它们分别传递的信息是"让我们开始玩耍吧"、要求另一只黑猩猩骑在自己背上、要求获得食物(比如其他黑猩猩狩猎到了一只猴子,正坐在地上分肉)、开始排成前后纵队行走等。然而有意思的是,黑猩猩似乎只会向人类做出手势,让人类把食物拿给它吃。托马塞洛认为,因为其他猿类不像人类,有充分的动机去协助它们。如果一只猿类对另一只猿类伸手比食物作为请求,它最终不太可能有东西吃(托马塞洛的观点是正确的,尤其是合作狩猎成功后,黑猩猩一般不会把分到手的猴子肉再分给其他没有参与狩猎的雄性黑猩猩)。可是豢养的猿类却"知道"人类常常喂它们东西吃。从演化的观点来看,这个事实暗示了猿类的社会环境,如果能变得更加合作,那么即使它们在认知技能上没有太大进步,也能发展出以手指物,请求协助的习惯。

想象一下雷神托尔再次来到地球。他走进一个酒吧,点了一杯威士忌,加冰。酒送来后,他端起来一饮而尽,抬头看酒保,发现他正在柜台另一端招呼别的客人。于是他用手指猛敲吧台,成功吸引了酒保的注意。然后,他用手指一指空掉的酒杯,酒保心知肚明,马上走过来又为他续了一杯。托尔再次端起来一饮而尽。请注意:在两者的沟通过程中,全程没有用到语言,但酒保知道托尔想再要一杯酒,有意思的是,托尔也知道他动动手指就可以让酒保知晓自己的意思。作为观众,我们会觉得类似的沟通简单明了,而且十分常见。

可见,即使在语言被发明了 20 万~40 万年以后,人类依然习惯使用手势语言。事实上,当一个人使用手势来辅助讲话时,他的两大语言脑区更加活跃。美国语言学家诺姆・乔姆斯基(Noam Chomsky)曾经认为,语言和手势语言所调用的是完全不同的脑区,它们更像是两个相对独立的模块。然而,乔姆斯基的观点可能是错的,已有的一些研究表明,语言和手势语言共享相同的神经网络。此外,人类的手势是富有节奏的,想象一下指挥家的手势吧!我们可以从他的手势中感知音乐节奏的变化。

有意思的是,感知节奏所需要的脑区依然跟两大语言脑区有较大重叠。在3~7个月大的人类婴儿身上进行的实验表明,他们已经可以感知成人说话的节奏,这就表明早在语言进化出来之前,人类就进化出了感知节奏的能力。所以,如果你凑巧有一个正在学说话的宝宝,你可以用抑扬顿挫的声音跟他讲话。fMRI扫描结果表明,那样会加强他两大语言脑区之间的功能连接。此外,给7岁以前的儿童听富有节奏感的音乐(如爵士乐),也有助于他们的语言功能发育,实验中听过爵士乐的儿童在语法类认知任务中得分更高。这些都表明人类感知节奏、调用手势语言的神经网络,跟语言脑区有着很大的重叠。那么,语言很可能是基于类似于感知节奏、手势语言的原因演化而来的。查尔斯·达尔文曾经在《人类的起源》一书中推测,语言是模仿动物叫声演化而来的,他写道:"难道是某种聪明而不一般的、类似于猿猴的动物突然间想到模仿猛兽的呼声,以便发出预警,使自己的同类明白即将到来的危险究竟是何种性质的?这应该是形成语言的第一步。"

也许达尔文是对的,但模仿动物叫声可能只是"形成语言的第一步"。

神经心理学家埃里克·勒纳伯格(Eric Lenneberg)和诺姆·乔姆斯基的工作表明,语言功能就像是我们的天生器官之一,"如同直立行走的特征或性特征一样",是不同人种的婴儿都会有的一种能力,这是天生的。乔姆斯基的经典范式认为，人类带着一套语法适应器出生，所以可以自然而然地学会地球上 5 000 多种语言中的任何一种或几种。黑猩猩固然可以向同类发出警示，但它们永远无法学会像人类儿童一样朗读唐诗，你给它们的舌头做一番手术也不行，它们的大脑没有"基础"。人类在嘴中有食物时，发音会含糊不清，这就启示我们，要想发出正确的声音起码需要口腔、舌头、喉咙等基础生理结构。进化生物学家最近的工作表明，智人在大量摄入熟食以后，下颌结构与声道发生了显著变化，从而可以发出一些此前发不出来的声音。如果一个人不幸被烫伤或天生残疾，他就会说不出话来。同样地，一些患家族遗传病的人可以听懂别人的语言，却无法说话，我的意思是，他们仍然可以发出声音，如吹口哨，但不能"说话"而已。过去十几年间，语言学家发现了一些这样的患者，他们很多是因为 *FOXP*2 基因发生了变异，该基因被称为"语言基因"（虽然理论上语言基因众多，但 *FOXP*2 是最出名的一个）。

这些事实都表明，语言并不像理论生物学家斯蒂芬·杰伊·古尔德（Stephen Jay Gould）所说的，只是"偶然性副产物"，是"进化的副产品"。另一个进化心理学家史蒂文·平克的观点相对更正确，他在《语言本能》一书中写道："我们的语言能力和其他适应能力一样，都是一种特征。为了使人能够说出话语并能对语言进行加工，需要一系列区别很大的、严格地相互协调一致，并且相互适应的功能，包括我们大脑中的语言中枢、喉头、声带以及口腔与舌头的许多肌肉组织。"
这些生理基础各有各的功能,以语言中枢为例,布罗卡区负责使人说
出简单的话语,而韦尼克区负责使人深层次地理解语言,包括句子的
语法、节奏、语义加工等。显然,不同区域的病变可以"得到"不同表
现型的患者,这些在临床上都早已观察到了。

最近几年的研究工作表明,尼安德特人也有语言基因 *FOXP2*,实
际上其他灵长目动物的基因组上也有该基因,但只有人类的 *FOXP2*
在大约 20 万年前发生了特定突变,从而推动了人类语言的诞生。为
什么会发生这一切? 如果是运气,那么 20 万年间为什么从未有其他
灵长目动物也被幸运女神眷顾呢? 对此,进化心理学家罗宾·邓巴
(Robin Dunbar)的解释是,"语言是为社会互动服务的"。猴子选择互
相理毛来增强社会连接,而人类选择使用语言来嘘寒问暖,增强联系。
只不过,理毛并没有发展出更深的文化,但语言不同。克里斯·布斯
克斯(Chris Buskes)认为:"若无语言,就根本谈不上值得一提的文化、
技术、科学。信息的传播成了我们社会的一个本质性标志。"换句话
说,我们通过语言沟通,使用语言欺骗他人,然后又通过分析别人的语
言来识破谎言。事实上,语言与心智的演化关系是进化心理学的经
典课题。结果"人类成了所有灵长目动物中最高尚而又最阴险的一
种"。进化生物学家卡尔·齐默(Carl Zimmer)这样总结道:"人类祖
先的演化,可能因此变成一个反馈循环。社会智能不断提高,创造出

越来越大的脑容量,这种愈演愈烈的演化趋势,最后改变了人类祖先的社会形态。优势男性愈来愈无法主宰自己的集团,因为下属都变得越来越聪明。于是,人类祖先的社会从黑猩猩式的阶级制转变成平等制,每一位成员都运用自己的心智理论与其他成员交往,确保没有任何人能够欺骗整个群体,或者企图主宰大家。"

## 语言的缺陷

语言在使用中会自发地演变。比如,被频繁使用的词语会越变越短,长单词衍生出缩写形式。一项研究表明,使用人数越多的语言,其语法复杂度越低,反之则越高。那些偏远地区的乡村、民间秘密组织或法国现代主义诗人群体使用的语言,语法都相当复杂,充满只有内部成员才明白的暗语。

马修·里德利(Matthew Ridley)注意到,语言在赤道地区的种类比较多,而在极地的种类比较少。阿拉斯加人说的母语用一只手就能数清,新几内亚则有数以千计种语言,有些只在若干山谷里使用,而后一个山谷里所用的语言跟前一个山谷里所用的语言的区别,比英语和法语的区别还要大。瓦努阿图的火山岛加瓦岛上的语言种类更加复杂,岛屿面积仅 13 平方英里(约 34 平方千米),人口数量为 2 000人,却使用 5 种不同的母语。在热带森林和山区,人类的语言多样性达到了极致。贝格尔的图表显示,语言多样性随纬度降低的程度与物种多样性随纬度降低的程度几乎一致。

这样就衍生出一大问题:不同语言需要翻译才听得懂,但翻译的过程中,信息丢失往往不可避免。事实上,在同一种语言内部也时常出现信息损失,一个普通人往往很难使用合适的措辞表达内心的想法。这是一项技术性要求,他起码要懂得许多近义词之间微妙的区别。母语为中文和英文的诗人都有"我手写我心"的说法,但实际上不管是用文字或语言表达内心,还是使用手势语言传达思想,都不可能做到100%保真。这是传统沟通方式的缺陷,我们创造了语言和文字,又强烈依赖于使用它们来相互沟通。

手势语言可以帮助人类更准确地传达意思,人体的其他肢体语言也可以,如眉毛动作和眼神。跟黑猩猩、倭黑猩猩和大猩猩等非人类灵长目动物比,人类的眉骨更突出,眉毛所依附的肌肉组织也更灵活。如果一条宠物狗、一只猫咪或其他动物无意中做出了微笑的表情,我们往往会感觉愉悦,这正是因为微笑或皱眉等人类习以为常的表情在动物身上是罕见的,我们有理由相信这些表情的演化是为了更好地沟通。类似的研究表明,仅仅跟他人的眼神接触就会干扰我们的工作记忆,让我们在识记单词任务中的表现下滑。

黑猩猩这种"暴躁"的灵长目物种的眼睛较小,眼白比例也较低,这很可能是为了避免过多的眼神接触。人类对视3秒钟以上就会有强烈的社交负荷感,黑猩猩也是。由此,一种有意思的孤独症疗法是让孩子和动物在一起,研究发现孩子更愿意跟动物发生互动,因为它们很少会"正眼瞧他"。克里斯蒂安·杰瑞特指出,当你直视另一个人的眼睛时,不但对方的瞳孔在给你传递信息,他的眼部肌肉也在传递复杂情绪,一个人眯着眼睛或是睁大眼睛,会传递出不同的信息。厌恶的情绪会让我们眯起眼睛,而我们又极其擅长解读这些信号。

应该进一步指出,这种信号的发出和接收都不受自由意志控制,这也很好地说明了人类为什么总是避免眼神的直接接触。"眼睛会说话""眼神骗不了人",我们可不想因为眼神的诚实而招致冲突。一个有意思的研究发现,5 个月大的人类婴儿就可以用第三者的视角解读这些"无声的沟通"。两个被试面对面站立,不说话,但是用眼神分别传递友善或恶意的表情。这些尚不能叫出"爸爸"或"妈妈"的婴儿在随后的测试中,准确地识别出了被试之间的关系远近。这种天生的能力在进化上是合理的,我们生活在集体当中,太需要分辨出谁是敌人、谁是朋友,以及谁是我朋友的朋友,谁是我朋友的敌人或敌人的朋友。

\* \* \*

智人的沟通方式(包括语言、手势语言、眉目传情、表情与肢体语言等)还有一个很大的缺陷,就是欺骗性高。正如前面提到的,人类的心智可以想象对方的感受,这就给欺骗留下了操作空间。人类是善于说谎的物种,我们很擅长把他人带入我们有意设定的情境,然后达到各种各样的目的。当然,我们同样擅长识别谎言,撒谎与识别谎言的心智是军备竞赛式演化的,但似乎总是撒谎的能力更胜一筹。一个可以很好说明这一点的例子就是人类的戏剧,那些拥有强大演技的演员是"撒谎"的行家里手。

20世纪早期,康斯坦丁·斯坦尼斯拉夫斯基(Konstantin Stanislavsky)创立了体验派的表演体系。按照他的要求,一个好的演员应该"演什么是什么",如果他表演的是一名威武的帝王,那么他从头到脚都应该让观众相信他就是像恺撒一样的帝王;反过来,他自己也应该相信他就是恺撒。后来,体验派的三位优秀学生李·斯特拉斯伯格、斯特拉·阿德勒、桑福德·迈斯勒在美国又创立了新的表演体系,即方法派。这种表演方法与体验派最大的不同是,演员不必相信自己是恺撒,而只需要用技术性手段(最常用的是调用类似的情景记忆或想象力来完成角色塑造),让观众相信他是恺撒即可。罗伯特·德尼罗、阿尔·帕西诺、达斯汀·霍夫曼、杰克·尼科尔森、简·方达、梅丽尔·斯特里普等都是方法派的大师。在电影《愤怒的公牛》中,罗伯特·德尼罗让观众相信他就是那个暴躁的拳王;在电影《教父2》中,阿尔·帕西诺的表演则让观众在他身上看见了一个活生生的、有血有肉的中年教父。这些伟大的演员"骗"了观众。

2019 年,一项 fMRI 扫描实验是这样进行的,常年出演莎士比亚戏剧的青年演员被要求平躺,庞大的机器会记录他们在做任务时大脑里的血流量,通常血流量多的脑区就是被调用的那部分。第一项任务,演员们被要求用自己的思想回答问题,然后他们再想象对同样的问题,其他演员会怎么回答。最后,演员们被要求用他们所扮演的莎士比亚戏剧中的角色来回答问题。结果,当演员们想象他人怎么回答问题时,他们的前额叶皮层被激活,这是可以理解的,因为该区域与推理他人的想法和情绪相关。黑猩猩也拥有类似本领,在一项实验中,两个不同社会等级的黑猩猩分别从两端进入放有香蕉的房间。开始时,低等级的黑猩猩会安静地等待高等级的黑猩猩挑选完香蕉。但随后,它们再次进入房间时,更好的香蕉被放在只有低等级的黑猩猩这端才能看见的木箱子后面。有意思的是,这一次低等级的黑猩猩仍然让高等级的黑猩猩先选,然后自己去取箱子背后的好香蕉。这就表明,黑猩猩和我们人类一样,是多么善于揣测别人的心思并想办法利用之。

说回到上文中的演员,当他们带入戏剧中的角色回答问题时,前额叶皮层受到了较大程度的抑制,该区域还跟内省能力与自我意识相关;同时,他们的楔前叶区域的活动增加,该脑区据说跟人类的"自知力"以及调取情景记忆有关。这些结果表明,方法派的演员真的是通过调取类似情景记忆的方法在演戏。优秀方法派演员的演技如此之好,以至于欺骗了绝大部分的观众。观众的共情与移情系统完全被舞台上的演员操控,演员笑观众就跟着笑,演员哭观众也跟着哭。

最后,智人沟通的公开性和透明度有限。专业的政客非常善于向听众传递迷惑性的信息,他们先是操控了大众的感情,继而顺理成章地掌握了"自下而上"的合法性权力。原始社会的祭司们是最先这样做的一群人,他们的效仿者一直活跃到今天。格雷戈里·柯克伦(Gregory Cochran)认为,在平等的狩猎-采集社会,人们共同享有与神沟通的权利。随后,祭司独占了这一部分权利,他们成了居于神与凡人中间的一群人,等级制的宗教由此诞生。进入定居社会以后,皇帝又宣称他有与神沟通的权利,其他人听从他传达的信息或天意。因为失去了与想象中的最高权威直接沟通的机会,普通人曾经长期受制于"信息控制"。所以,将智人的沟通方式推进一步,就是人类摆脱"信息控制"的希望。

## 传输思想的想象

有意思的是,以色列历史学家尤瓦尔·赫拉利(Yuval Harari)最近几年屡次强调"信息控制权"的重要性。我懂他的意思,即掌控了信息,便在一定程度上拥有了控制他人的权力。在宏观的历史层面,叙事的书写总是掌握在一小部分人手中,他们便拥有了向民众注入"记忆",培育其"思想",进而控制其"情感"的权力。在微观的生活层面,我们常常发现,谁的记忆力更好,谁就更容易在争吵中取胜。

事实上,这也是人类的历史学有价值、有意义而且有意思的地方。信息流在世代之间流淌,但掌权者却在河流中央修建了大坝,搞了蓄水池,甚至开发了分支渠道。大部分人生活在低地河谷当中,视野中只有细支末流,往往看不见大江大河。一小部分历史学者像生物和地理探险家一样,溯流而上,想办法根据河岸、湍流、长着苔藓的石头上留下的痕迹,以及政府档案、私人书信、老旧报纸或者其他一切形于文字、影像、版画的文献史料,去推测河流的准确位置、流向和流速。这时候,尽可能复原初始值的信息流就不光是为了"古今沟通",更是为了"思想传输"。这对我们重新判断、评估、带有前瞻性地分析未来的走向,有着再强调都不为过的重要性。

让我换一个例子来解释。2022 年的北京冬奥会实现了一次技术上的革命性进步,即引进了"云转播"技术。这项技术在 2020 年东京奥运会上进行了实验,最终大规模应用在了 2022 年的北京冬奥会转播上。它综合了云计算、人工智能、5G 等技术成果。说重点:"云转播"使得现场节目以一种低成本的方式超高清地转播出去。清晰度越高,影像的颗粒度便越高,观众看到的画面细节也越丰富。那么,观众对整体的把握和判断便有了更好的物质基础。此外,低成本使得更多人可以接收到这些信息。现场的观众还可以通过手机记录、传输比赛的画面,这就使得人人都是内容生产者,大家都可以把"独家信息"分享到云端,供其他人取用。总之,再也不是过去一个镜头、一种叙事、一支"魔弹"重复地、猛烈地轰炸人们的大脑了,我们可以在庞杂的信息流之中共享思想。

以上,还只是现代信息技术与沟通方式发展进步的初级阶段,更高级的阶段就跟我们的大脑有关。随着脑机接口技术的发展,神经解码在一定程度上落地,我们完全有希望借助 AI,形成一个初步的人机结合的"脑联网",比互联网更加强大。人类在狩猎-采集时代是通过声波的小范围传递,形成一张小型的区域网络,人们在同一堆篝火旁边分享思想;然后,人类通过纸本形成了"纸联网",从而可以跨越时间的限制,与古人共享思想;再然后,计算机互联网和移动互联网的出现,让我们打破了时间、空间的局限,隔着千万里也能即时分享彼处发生的新闻,以及新闻生产者或记录者的情绪。未来,当神经解码技术进一步成熟时,初级的"脑联网"便足以让语言、思想、情绪的传输再上一个台阶。在第 6 章,我们讲到,人类已经实现了异地脑电波传输,但还只能共同操作简单的游戏。我们相信,未来还可以传输更加复杂、更加抽象的思想。沟通革命的下一站——你一"想",我就"懂"了。

千万别觉得这不可思议。实际上,我们很可能正在迎来这样一个关键性的时刻。自美国 OpenAI 研发的聊天机器人程序 ChatGPT 横空出世,已经有一段时间了。人们逐渐看清楚,这一技术将带来巨大的变革。在自然语言处理方面的重大突破,使得人们更加相信,有一天 AI 会涌现出类似于人类意识的"机器意识"。总之,先是让机器更好地理解人,可以与人类沟通;然后是人类与机器进一步互相连接,可以心神相通。最后,更加不可思议的未来终会到来。

# 第 11 章　眼睛一眨，升级为"学霸"

"不仅仅是重构自己的自由，而且还是关于网络的。人类很快就会装上植入体和仿生学部件，天衣无缝地与他们自己的物联网互动，包括与高能力、高智慧的机器人互动。事实上，通过这个错综复杂的网络，我们人人都有可能超越我们的自然能力。"

——美国基因政策研究中心伊芙·赫洛尔德(Eve Herold)

## 学习的物种

在第 10 章，我们探讨了思想传输的可能性以及路径，那么自然而然就可以引出一个重要的话题：思想都可以传输了，知识一定不在话下了吧？我们无数次地在电影中看到，从外星球或者远古时期而来的角色，为了尽快熟悉地球环境，利用"思想传输"快速学习。未来的人类有没有可能也眼睛一眨，便将古往今来的知识精华纳入脑中，从而轻松地变身为"超级学霸"？这是本章我们要细细讲述的故事。

目前我们能想象的最好的学习方式是在睡眠中也能学习。

2019 年,瑞士伯尔尼大学的卡塔琳娜·亨克团队已经在某种程度上实现了这一点。他们发表在《当代生物学》(Current Biology)杂志上的论文表明,首先要使用脑电记录仪来确定被试者的睡眠状态,然后向他们处于深度睡眠但比较活跃的阶段播放信息。比如,一名被试听到的是"Guga,鸟",另一名被试听到的是"Guga,大象"。两人醒来后被问道:"Guga"是一个大型物体还是一个小型物体?60%的被试可以正确回答。类似研究在鸟类身上也有尝试,它们都属于在时间上延长"学习区间"。

还有一种尝试是在时间上延长"学习能力"。

例如,人类在幼年期跟鸟类在雏鸟期一样,语言学习或歌唱的能力都最强。美国哥伦比亚大学的团队以斑胸草雀和长尾草雀为例证明,这种超强的学习能力跟它们听觉皮层的深层神经元相关,神经元对父母的教唱进行编码和调谐。所以,如果在神经解码-再编码方面取得突破,那么人类在成年以后依然可以拥有像幼年期一样的语言学习能力。更进一步,对运动皮层神经元的解码,也许可以让更多的人拥有更好的运动天赋。对此,我们将保持相当乐观的态度。

科幻电影《海王》的主角,拥有亚特兰蒂斯人血统的亚瑟·库瑞生来就会游泳,并可以在海水下自由呼吸。他是当地居民的保护神,在狂风暴雨中救起落水者。人类中也有这种基因强大如"半神"的人,他们的天赋异禀与携带的独特基因变异位点显著相关。而且,拥有强大运动天赋的优秀运动员亦离不开艰苦的训练和科学的负荷管理。请大家注意一个细节:电影中,海王从小就接受了亚特兰蒂斯王座理事会元老的悉心教导,另一个主要角色还教会了他"如何游得像一个亚特兰蒂斯人"。从中可见,人类变得强大至少要满足两大关键条件:一是基因强大,二是社会性学习。也就是说,使你进步最快的办法之一,是在现实生活中找到学习方面的社会支持网络。

第二个关键条件在人类社会极其普遍,以至于我们习以为常。

卡尔·齐默指出,我们是极端社会化的动物,人类的社会支持网络跨越全球,形态包括部落、国家、联盟、朋友圈、俱乐部、球队、公司、工会及各种社团。因此,这些隐形的联系力量对人类的重要性,丝毫不亚于罗马人修建的全国道路系统和现代社会的互联网"高速公路"。然而,这种发达的社会支持网络在人类以外的物种中很难实现。在前面的章节中,我们多次提到非人类的灵长目动物学习人类语言的故事。不管大猩猩、红毛猩猩、黑猩猩或倭黑猩猩的灵长目专家多么努力,这些人类的"近亲"始终无法学会像人类一样说话或使用文字、复杂工具。即使我们从小就把它们接到人类的家中居住,跟人类一起起居,按时参加人类学校的课程,甚至专门为它们办生日聚会,它们仍无法像人类一样学习和进步。在一项研究中,不同年龄的人类婴儿与成年黑猩猩一起进行识记类学习任务。我们看到,成年黑猩猩的表现可以优于 2~3 岁的人类婴儿，但 3 岁以上的人类幼儿像打开了"特别的引擎"，开始远远把非人类的灵长目对照组抛在身后。就像重演了一遍演化史，人类的心智一旦成熟便开始了突飞猛进的学习革命。

## 心智演化

现在回头看，人类心智革命的起始时间略有争议：高级心智的出现到底是在 30 万年前还是更早？其标志性事件是什么？

一些人认为，应该以对称的手斧出现的时间为起始点，即美国考古学家托马斯·维恩所谓的 30 万年前。他认为，打造手斧是一种复杂的行为，要想掌握这种行为，必须具有复杂的认知结构和功能。但这种思路有明显的缺陷，能打造手斧或制造并使用复杂工具的可不止人类，黑猩猩也是一种使用工具的物种。牛津大学的迈克尔·哈斯拉姆（Michael Haslam）的工作表明，非洲科特迪瓦境内的 3 个黑猩猩群落都有打造和使用石器的"文化传统"，其历史最早可追溯到 1 300~4 300 年前。2016 年 10 月，巴西圣保罗大学、英国牛津大学和伦敦大学的一项联合研究也发现，巴西黑纹卷尾猴至少在 600~700 年前也进入了旧石器时代，但它们用与原始人类似的手法打造石器，然后把它们弃置一边。因此，有科学家怀疑我们在 30 万年前发现的对称手斧会不会也是某种行为的"副产品"？那样心智的起源时间就要往后延。同样，如果打造对称手斧需要复杂认知的逻辑成立，那么打造对称的木质工具依然需要复杂的心智，但木质工具显然留存不到现在，这样心智的起源时间也可能长于 30 万年。关于这个问题的讨论还在继续。

除了工具之外，大脑容量与功能的演化事件也可以帮助我们追溯心智的演化史。

至少在 250 万年前，古人类可能已经学会用尖锐的石头剔刮猛犸象骨架上的肉；至少在 150 万年前，可复制的锐利手斧已经出现。这意义重大，意味着一个种群个体在加工手斧时，他的周围可能聚集着其他同类，他们是他的学生，他们的大脑功能足以支持学习手斧的加工工艺。现代神经生理学的证据表明，人类大脑在 3～6 个月即具有学习语言的能力，10～12 个月可以喊出人生第一个词语，2～3 岁就已经可以意识到自己和他人都有各自的意图、感情和思想。这在进化心理学上非常重要，暗示着人类在生命早期就具有了融入群体生活的意识。英国心理学家尼古拉斯·汉弗莱尝试用"社会智商"来定义一种选择压力，那些社会智商高的个体容易在群体生活中活下来，因为他既要读懂他人的情绪和意图，也要能预测他们的行为。

对灵长目动物的研究告诉我们，这种社会认知的能力出现的时间非常早。比如，狒狒像人类、虎鲸等社会性物种一样，对群体其他成员的彼此关系非常敏感。此前我们已经提到,人类婴儿很早就可以通过其他成员的对话和表情,来判断他们的亲疏远近。狒狒也是,当它们的眼睛盯住其他成员不动时,其大脑一定盘算着它们是敌是友,然后想办法加以利用。有时候,欺骗是一种普遍的策略。灵长目专家安德鲁·怀顿记录过一个狒狒"阴谋家"的故事。

当时,一只成年母狒狒正在专心致志地挖掘一个植物块茎,另一只幼年狒狒四处张望后绕到了它的身后,突然发出惊恐的尖叫,好像自己受到了母狒狒的欺负。随后,幼年狒狒的母亲跑过来赶走了被冤枉的狒狒,这样"阴谋家"就顺利拿到了本不属于它的块茎。从这个故事中我们也可以看出,大型灵长目动物内部也是存在等级关系的。除了狒狒,黑猩猩、倭黑猩猩的群体内部,也存在着比较严格的等级。高等级的雌性个体可以优先获取食物,同时它孩子的等级地位也依附于它。换句话说,一只狒狒或黑猩猩、倭黑猩猩、猴子,必须对其他成员的关系、等级地位有清晰的认知,不然会遭到其他联盟的打击。

怀顿写道:"类人猿仿佛都读过权谋家马基雅维利写的书,它们非常在乎自己的社会地位,积极地想结交盟友,帮助自己往高处爬。若碰到适当时机,它们又会听从马基雅维利的建议,欺骗、背弃那些朋友。"怀顿的点评通过 2019 年的一篇灵长目论文得到了验证,黑猩猩被发现非常热衷于跟"高等级的朋友的朋友"结盟,而较低等级的成员倾向于通过结盟,谋取更高的等级地位。假如美国 HBO 据此来拍摄电视剧的话,我们可能会看到一群低等级的黑猩猩涌向高等级者,并主动奉它作王,从而参与群体更多利益的分享。随后,旧王衰老而新王崛起,这帮有着拥立之功的家伙又会以同样的热忱去迎接新王。类似的故事,在人类历史上真的一点都不稀罕。

* * *

显然,人类的心智世界更加"马基雅维利"。

黑猩猩等灵长目动物所拥有的"心智工具"是一个简陋版,类似于一条纸做的小船,而人类的"心智工具"宛如大洋巨轮。那些"心智零件"失灵的人类,譬如孤独症、威廉姆斯综合征的患者(他们表现为对同类极其热情但有智力障碍,同时往往伴有心脏病等严重的遗传病),他们与外界的沟通出现了严重障碍,以至于他们无法从同类身上学习。英国利物浦大学的语言进化专家罗宾·邓巴指出,正常情况下,大脑新皮层区域的大小与个体所在的群体大小正相关。群体越大、成员越多,新皮层区域就越大。结果,人类凭此识别不同成员的关系,知道应该向谁学习、跟谁结盟,更重要的是应该如何学习识别谎言。于是,在卡尔·齐默所称的"反馈循环"之中,人类的心智越来越发达,伴随这一过程的是大脑容量越来越大。这一"奇点"出现的时间在 80 万年前,至少一个叫"MCPH1"的基因发生了一组突变,从而影响了调控多个下游信号通路的基因的表达。最终,现代人类的脑

容量是猕猴的 20.6 倍,长臂猿的 14.4 倍,黑猩猩的 4.3 倍。反之,
*MCPH*1 的异常突变将导致小头症。

一个有意思的现象是,我们的大脑大到一定程度后开始喜欢听
故事。而且人类一定是演化到一定阶段才能听懂故事、编造故事、传
播故事,就像人类的婴儿到了一定年龄才学会撒谎、编造故事以及从
故事中学习。即使是物理天才费曼也承认,其他天才物理学家的理
论必须转变成他熟悉的故事,不然他就听不懂。所以,故事是人类了
解自然世界的桥梁。对童话、神话与民间传说的研究表明,世界各地
的人们似乎都有过类似的故事,其讲述的重点和倾向也很相似,譬如
都谴责破坏集体的人,都诅咒自私自利的个体。这就说明人类在早
期的生活中面对的是类似的问题,那些投机倒把、暗中破坏集体生活
的自私自利者是最值得警惕的,人们通过口耳相传的故事来获得对
这些人的辨识能力。同样,人类理解大自然也是类似的逻辑,到今天
依然如是。

哲学家托马斯·库恩提出,人类认知与学习世界存在着范式转
换,每一个时代都有自己的隐喻去解释和描述自然现象。乔治·扎
卡达基斯统计,解释人类大脑的范式转换发生了多次,第 1 次是跨文
化的,全球各地的文明先民都不约而同把人类想象成被吹了一口仙
气的泥土。第 2 次始于公元前 3 世纪左右,人们把大脑想象成水和蒸
汽机驱动的机械。这种思想根深蒂固,以至于到了 17 世纪的笛卡尔

时代,人类依然被想象成一台复杂的机器。法国生理学家拉美特利说:"身体是一台用弹簧驱动的机械,反复运动的活物。人就是一系列弹簧互动的组合。"电力革命以后,人类又被想象成由内在的电力驱动的机械。在诞生了弗兰肯斯坦的时代,你把生命看成需要"一点电火花"点亮的机械,就算是有先进思想的人。计算机被发明后,大脑又被看成类似的计算机,是一台可以进行逻辑运算的机器。从此之后,计算技术越发达,人类对大脑的认知就越"深入",计算机可以实现神经网络运算,那么大脑很可能就是能进行复杂神经网络运算的机器,只不过耗能更少。当然,我们应该看到每一次范式转换的巨大进步,人类就是在这样的过程中进步的。可供证伪的理论、假说、模型,是我们从同伴、父母、老师那里学来的,是最终要在实践与生活中检验和应用的思维工具。

# AI 与学习

作为健康的成年人,你肯定可以很轻易地用大拇指和食指比出枪的样子。这太容易了,你可能会觉得这是人类天生就会的本领。实际上不是。

如果你穿越时空,回到 11~13 个月大跟着父母学习手势的时候,你会发现那时候的你是那么笨拙。虽然父母很快地向你比出了枪的样子,但你还需要低着头,两只手慢慢学着比画出正确的动作。这时你的大脑额叶和顶叶处于放电的状态,因为你在调用镜像神经元向他人学习。布鲁斯·韦克斯勒指出,额叶区域与人类的模仿能力有关,那些额叶,特别是左侧额叶受损的患者的模仿能力大幅下降。人类婴儿只有 6 个月大时就掌握了这一强大的学习工具。一个实验是这样的:婴儿坐在母亲的大腿上,面前有一张桌子,桌上放有一个玩具,玩具正对着他们,但在婴儿与玩具之间有一层透明的树脂玻璃墙。虽然给了婴儿足够多的时间去尝试,但没有一个婴儿懂得绕过玻璃墙拿到玩具。然而,如果让婴儿看着母亲轻易地绕过玻璃墙拿到玩具,那么所有的婴儿都会在不需要碰触、引导、鼓励或增援的情况下,很快学会绕过玻璃墙抓到玩具。

亲身示范是一种颇有效率的教学方式。正是因为基于镜像神经元的学习能力的存在,你在教婴儿很多技能时,并不需要告诉他怎么做,也不需要详细解释其中的原理,而只需要当着他的面,让他用眼睛看着你把全部的动作做一遍。一到几遍之后,他也很快就学会怎么做。不过,婴儿的注意力比较有限,为了培养他们的共同注意力,父母在反复演示的过程中可以加入一些新的动作。对婴儿来说,母亲伸手尝试够玩具就像是他自己在尝试一样,两者的脑电波存在同步化。也正是这个原因,人类热衷于观看戏剧和欣赏音乐,这些艺术的共同之处在于都会让观众产生代入感,在大脑层面体验到"活了一遍别人的人生"。

有模仿就有玩耍,人类需要以玩耍的形式在认知上固化学到的知识和技能。

教育学家维果茨基总结认为:人类玩耍有两大重要特征,一是充满想象力,二是充满规则性。"每一种虚构情景包含着隐藏形式的规则,每一种有规则的游戏也包含着隐藏形式的虚构情景。从有着公开虚构情景后隐藏规则的游戏,到有着公开规则以及隐藏虚构情景的游戏的发展,描绘了儿童玩耍演变的过程。在游戏中,儿童学会在认知领域而不是在外部视觉领域中行动,他所依赖的是自己内心的倾向和动机,而不是外部事物提供的激励。儿童看到一件事物,他可能会做出和这件事物没有直接关联的行为,这就是儿童脱离自己眼睛所见而进行独立行为的开始"。

然而,我们必须看到人类进行社会学习的能力存在天花板。比如父母教一个孩子背诵元素周期表,孩子可能短时间内无法原样背出;让孩子记忆多个手机号码,他们很可能完成不了任务,因为要记住的信息太多了,以至于超出了他们的注意力能集中的时间限量或工作记忆容量。今天,美国学生群体为应付期末考试而偷偷服用所谓"聪明药"的比例越来越大,莫达菲尼、哌甲酯等处方药大量出现在备考学生的手里。其实这些药的作用有限,而且有潜在的成瘾性,它们只能有限激活大脑注意力的相关脑区,如顶叶、额上回等。此外,一个人的工作记忆是有容量限制的,你可以通过把一连串数字组装成有规律的模块来增强记忆,比如将法国作家巴尔扎克的生卒年(1799—1850)记成"要骑舅舅,要扒屋顶"等。这种方法也是许多所谓记忆专家惯常宣教的,但你仍然无法同时记住多个人的手机号码或全法国作家的生卒年份。工作记忆最强大的功能是让人类可以暂时记住几个数字和运算规则,或暂时记住几个相似的概念和原理,然后在思考中完成虚拟运算或推演。

但令一些人无奈的是,每个人的模仿能力、注意力和工作记忆等存在显著差异,这让一部分人很容易完成认知相关类的任务,最终在智商测试中拉开与同类的距离。或许更好说明这些现象的最佳例子是人类对数学脑区的研究。法国巴黎-萨克雷大学的研究人员进行的一项 fMRI 结果显示,大脑处理高难度数学问题的区域与负责简单数字运算的区域基本吻合,位于大脑边缘系统的 3 处:双侧顶内沟区域、双侧颞下回区域以及前额叶皮层区域。这样,那些数学脑区功能连接更强的人类,数学就学得更好,反之更差。可以说这些底层"固件"的差异,孕育了人类群体的万紫千红,但也确实造成了智力上的不平等。对此,一直以来有两股思潮想改变这一切,一种是社会达尔文主义者,他们认为,应该在遗传上筛选出所谓"最高等的优质人类",并让他们大量繁殖;另一种则是尽力消除人与人之间智力的不平等,让所有人都获得强大的学习能力。

　　社会达尔文主义者提倡的遗传优化显然不是一条靠得住的道路。

　　弗朗西斯·高尔顿（Francis Galton）的"种族优选计划"不但失败了，还造成了很大的负面效应，某种程度上催发了数十年之后的种族歧视与种族灭绝。进入 21 世纪，当基于光遗传学的"记忆假体"概念被提出时，人类的学习就进入了新阶段。今天，我们都受益于互联网公司开发的"大百科全书"，只需鼠标和键盘，就能在短时间内搜索到各种知识。这一计划在一开始被质疑是不可能实现或者没有必要的，但事实证明很有必要。AI 与人脑的结合本质上是类似的技术路线，我们寄希望于 AI 技术扩展我们的"可扩展性"，比如向大脑中植入记忆假体，就像把带有检索功能的谷歌眼镜植入大脑一样。我们相信这一技术会有光明的未来，让 AI 去做 AI 更擅长的事情，人脑做人脑更擅长的事情，两者的有机结合应是未来数十年的大势所趋。

# 第 12 章 星辰大海：未来已经到来

"征服太空值得冒生命危险。如果我们牺牲了，希望人们能接受。我们相信这项任务不会因为我们出事而延迟，征服太空值得我们冒生命危险。"

——美国资深宇航员格斯·格里索姆（Gus Grissom），
死于"阿波罗"1 号的火灾

"还在调查悲剧火灾的原因时，上级就来问下次任务的人选了。感觉就像进了罗马角斗场，当观众欢呼下一个冠军的出场时，前任的死尸刚刚被拖出沙场。"

——格斯·格里索姆的宇航员同事，
沃尔特·坎宁安（Walter Cunningham）

## 走出地球

好奇心的驱使比液氢燃料更具持久性。

　　在看得见的未来,人类最想去的星球是火星和月球。从地球飞向火星存在时间窗口限制。中国航天专家庞之浩说:"这是因为根据地球与火星的位置关系,每 26 个月火星会有一次距离地球最近的机会,这也是发射火星探测器的最佳时间窗口。"在轨道方面,各国的探测器都会走霍曼转移轨道,这是一个椭圆形轨道,一端与地球的公转轨道相切,另一端与火星的公转轨道相切。上一个窗口期在 2020 年 7 月。在更早一个窗口期,美国国家航空航天局(NASA)发射了"洞察(Insight)"号火星着陆探测器。本来它应该于 2016 年就启程前往火星,但由于其中一个法国宇航局负责的地震分析仪载荷出现了漏气事故,因此推迟。那次仅仅是发射日程的推迟就造成了 1.5 亿美元的巨额损失,可见去火星的"飞船票"之昂贵。这里,我们应该把更多的篇幅留给中国的"天问一号"。它从升空到在太阳系做漫长但又迅速的旅行起,就一直吸引着中国民众的注意。2021 年 3 月初,航天科技集团的负责人宣布,此时我们的"天问一号"正以每秒 4.8 千米的速度在火星轨道上进行环绕探测,各项指标正常,仪器设备工作正常。2021 年 5 月 15 日,"天问一号"已经成功登陆了火星的乌托邦南部平原。

　　再说月球。截至目前,人类亲自登陆的外星球只有月球一个。1969 年 7 月 20 日,美国宇航员尼尔·阿姆斯特朗(Neil Armstrong)和巴兹·奥尔德林(Buzz Aldrin)登上了月球,并在月球表面行走了 2 个半小时,当时他们的队友迈克尔·柯林斯(Michael Collins)在指令舱内做环月飞行。最后,3 名宇航员都活着回到了地球。在写作这一章内容时,我刚好收到了一本美国登月计划珍贵底片的摄影集,作者是航天记者皮尔斯·比索尼(Piers Bizony)。翻开这本影集,就翻开了人类迁徙历史上辉煌的一页。这本影集搭配了比较详尽的文字,"'阿波罗'16 号总共进行了 3 次舱外活动,其中第 1 次舱外活动的主要目的是打开月球车以及利用'阿波罗'月球表面试验装置进行试验。在全部 3 次舱外活动(即月球行走)过程中,约翰·扬(John Young)和查尔斯·杜克(Charles Duke)驾驶月球车总共开了超过 16 英里的路程"。

这 16 英里(约 26 千米),加上早前阿姆斯特朗的足迹,应该算是人类向外太空迁徙的"前哨"。但再想登陆月球以及在月球上驻留下来,依然难于登天。NASA 的"阿尔忒弥斯"计划希望申请 300 亿美金做成这两件事。经费问题尚在其次,首要问题是 NASA 无法保证宇航员在安全登陆月球以后,在月球表面安全地生存一段时间。目前 NASA 能做的是开发新的宇航服,比如 2019 年 10 月份展示的两款宇航服,一款是发射和重返猎户座飞船所需的乘员生存系统宇航服,另一款是探索舱外活动单元宇航服。新宇航服可以让宇航员屈膝、摆动手指、蹲下来捡东西,比他们的前辈阿姆斯特朗所穿的升级了许多。更有意思的是,在写完本章再做修改时,我又收到了一本来自北京航天飞行控制中心的书,他们出版了一本名为《月背征途:中国探月国家队记录人类首次登陆月球背面全过程》的书。在这本书里,我们可以细数中国人是如何一步步走向月球的:"嫦娥一号"是第一颗探月卫星,在受控中完成撞月;"嫦娥二号"发回了首张7米分辨率的全月图,为"嫦娥三号"铺路;"嫦娥三号"登上了"广寒宫",着陆虹湾;再然后是"鹊桥"中继卫星,是"玉兔二号"在月背的征程。任何一次登陆月球,都是人们值得一看的故事。科学和传说,交互纠缠。

但可惜的是,人类在月球上无法做到长时间停留。我们知道,已经有很多大富豪在预订前往月球、火星的飞船票,但不过是噱头罢了。还有一些人预订了前往太空逗留数分钟的飞船票——那只是一个生意。你知道吗?太空并不太遥远,实际上在我们头顶80~100千米的地方就是太空了,而我国空间站的轨道高度大约为393千米。按照卡门线的定义,在距离地面大约100千米的地方,太空飞船的横向速度将抵消掉地心引力。所以,一些商业公司的"太空旅行"实质上就是乘坐航天设备飞越卡门线,逗留几分钟或几小时再回来而已。那有多大吸引力呢?我们期待着人类真正飞出地球,到月球甚至火星上去住住,而这还是非常有难度的。比如,以下是月球的一组数据:重力是地球的1/6,1"天"差不多等于地球上的1个月,表面温差大(零下173到零下127摄氏度),无大气层,磁场弱,宇宙射线强烈。不管是哪个国家的航天员,在月球环境下都是地球人,人类身体能安全适应月球的极端环境吗？

## 基因组准备好了吗？

凡是接受进化论的人或阅读到最后一章的读者大概已经能理解，人类的身体像一台自动化机器，处在与外界环境不断交流物质与信息的动态互动中。

但人类比机器更特别的是，所有的动态互动都有策略性，这是数百年、数千年、数十万年、数百万年、数亿年演化的结果，而数百年的演化主要是文化演化，速率则比基因演化快上几个数量级。

比如，在人类信仰的起源阶段，东非草原上的狩猎-采集部落"自然而然"地知道木薯的正确吃法是先用清水泡过夜，并频繁换水，然后再煮开食用。这种烹饪方法可以降解木薯块茎中的有毒生物苷，那些没有按照传统烹饪习俗加工木薯的人们，大概遭受到了自然选择的惩罚。像这类"自然而然"的演化是十分缓慢的，一旦部落的人们知道了背后的原理，并把这些知识在课堂上传递给下一代，那就形成了文化演化，可以更好地指导他们进行食物加工。与此类似，成年人类消化乳糖的能力也是进化而来的，游牧民族比农耕民族更加乳糖不耐受（而且同一民族过游牧生活的亚族群相比于农耕生活的亚族群也如此）。如果按照自然进化，乳糖不耐受的族群需要数百年或更久的时间,通过族群交配来获得消化乳糖的基因,一旦破解了乳糖不耐受的原理,这些族群便可以生产不含乳糖的奶制品,这也是文化演化。所以说,人类身体的"超能力"实际上是缓慢适应环境的结果。然而,有时候会出现加速演化的情况,如混血或一定程度上的基因"平行转移"。

又比如,藏族人的祖先与丹尼索瓦人繁育过后代,从而遗传了丹尼索瓦人的部分耐高寒、稀氧的基因(比较有名的是 *EPAS*1 基因,其变异使得藏族人血液中的血红蛋白不至于上升到危险水平),从而比低纬度人类居民更能适应当地环境。2019 年,中国科学院寒区旱区环境与工程研究所的董光荣研究员团队在海拔 3 280 米的白石崖溶洞里,提取到了丹尼索瓦人下颌骨的古 DNA,并找到了类似于藏族人 *EPAS*1 变异基因的痕迹。除了藏族人之外,夏尔巴人也携带了适应高海拔、高寒、稀氧环境的变异基因,所以今天组织攀登珠穆朗玛峰的商业公司会与当地夏尔巴人建立广泛的业务联系。有意思的是,人类之外的其他物种适应青藏高原的极端环境的策略是类似的。比如藏獒,其基因组上有两处显现出与西藏灰狼杂交的迹象,它们也携带了 *EPAS*1 变异基因。分子进化树的结果显示,藏獒的"先祖"大约在 24 000 年前在与西藏灰狼的杂交中获得了这一"馈赠"。再比如温泉蛇,一种由英国人弗兰克·沃尔在 1907 年发现的、只生活在海拔 4 000 米以上的蛇。中国科学院成都生物研究所的李家堂团队研究发现,他们体内也携带有 *EPAS*1 的变异基因。瞧,这些物种都从"先导者"那里获得了馈赠。

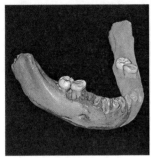

**丹尼索瓦人一瞥**　左：Micro‐CT 扫描数据重建的丹尼索瓦人下颌骨模型；右：白石崖溶洞。图片来源：北京科技日报。

然而,到了太空或月球表面,不管是藏族人、夏尔巴人还是其他人类和物种,都不具有先天适应这类环境的遗传基础,也无法通过与"先导者"混血加速演化。更好的宇航服或能够减少宇宙射线辐射的建筑等技术只是权宜之计,而且价格昂贵,最重要的是它们效用有限。

比如,人类能否在微重力的外太空环境下生育出健康的后代就是一个迄今悬而未决的问题。2018 年,NASA 将冷冻起来的人类与公牛的精液送上了国际空间站,并用化学方式使其复苏,观察其运动情况。据 NASA 埃姆斯研究中心太空生物学部门的法西·卡鲁瓦(Fathi Karouia)介绍,微重力下的精子移动速率加快,微重力可能促进了后续的细胞增殖活动。但更具体的数据付之阙如。太空实验太昂贵,机会和资源也远远不够。如果靠谱的话,我们应该先看到一到两代人类在太空出生、成长并生育,然后再做月球基地移民或星际移民的计划。研究植物生命的科学家正是这样做的,目前的数据分析表明,从种子到种子到种子(即种子在空间站播下去长大,等结出种子后再播种、收获种子)的过程并不顺利,结籽率低,而且基因组学分析、转录组和蛋白质组学分析与地面上的结果有显著差异。为此,人类需要提前适应月球或火星表面不同于地球的环境,其中一个策略就是模拟目的星球的环境,"让一部分人先适应甚至先发生适应性演化"。仍以中国为例,我们有了"月宫一号",3 名大学生在里面住了数百天。中国的科学家还在距离甘肃省金昌市市区 40 千米远的红土上(当地土壤酷似火星的红色岩石土),"根据真实航天逻辑"建造了火星 1 号基地。然而,这些地面上的研究能提供的有用数据还是远远不够。

人类似乎不可能等完全适应了外星球环境才移民。就像历史上人类走出非洲时,并没有完全适应非洲以外的自然环境一样。人类在过去数百万年、数十万年的成功经验是,先走出去,边走边进化,基因演化与文化演化齐头并进,缓慢地向世界各个角落扩张。从现实来看,人类成功了。黑猩猩和倭黑猩猩还留在刚果河两岸,但它们的高等灵长目"近亲"已经遍布五大洲,甚至远在极度不同于非洲气候的北极，也生活着天生耐寒的因纽特人（有意思的是，多种人类学田野调查表明，当地人很不喜欢外界叫他们"爱斯基摩人"）。我们需要重读"祖先的故事"，借鉴"祖先的经验"。

## 祖先的故事，祖先的经验

描写人类起源的大众类书籍比较多，写得较好的有理查德·道金斯（Richard Dawkins）的《祖先的故事》，有大卫·赖克（David Reich）的《人类起源的故事》。当然还有贾雷德·戴蒙德的《第三种黑猩猩：人类的身世与未来》，这一本出版日期比较早，但书中观点如今看仍然成立：今天的人类从非洲起源，其中一波又回到非洲并与当地人群发生了混血。大卫·赖克认为，通过研究那些在遗传学和文化上相对独立的人群，如非洲中部的俾格米人、非洲南端的桑人（狩猎-采集者）、坦桑尼亚的哈扎人等，以及古 DNA 的数据，我们才可能揭示非洲久远的人类历史。

这样研究得到的结果是比较残酷的。比如，今天仍然生活在坦桑尼亚的哈扎人属于一支遥远的东非狩猎-采集者的后代。该支狩猎-采集者曾经广泛分布在撒哈拉以南的非洲东海岸，但现在他们的后裔只有不到 1 000 人。走出非洲的人类既在非洲以外的地方扩张，又在非洲内部扩散。最终，发明了农业的现代人取代了满足于过狩猎-采集生活的哈扎人祖先。研究最早的人类为什么会走出非洲,也许对理解未来为什么人类一定会走出地球有帮助。

让我先重述一个经典的"喜马拉雅山猴子"的故事,它的最初讲述者是进化生物学家戴维·斯隆·威尔逊(David Sloan Wilson)。这个故事有助于我们理解人类的"疯狂"来自哪里。

故事的主角是恒河猴,它们一般被科学家养在大型围栏里。灵长目专家斯蒂芬·索米(Stephen Suomi)博士发现,他所圈养的恒河猴每一代中都有一小群发疯的雄猴子。这些猴子不像典型的恒河猴那样受母亲控制,它们好像发了疯,经常从一根树枝跳到另一根树枝,有时甚至跳下高高的围墙企图逃出去。而且,由于这些猴子不受约束,疯狂冒进,它们很难被原生族群包容,因此一旦到了其他族群,也往往被排挤,"只得悲惨地过着孤独的生活,终老一生"。进一步研究发现,这些发疯的猴子的血清素基因发生了相关变异。有意思的是,由于该基因位于常染色体上,所以雄猴子与雌猴子都可能发生该变异。但携带该变异基因的雌猴子更加自信、富有能力,因此后代数量更多(适合度收益更大)。到此为止,我们就理解了为什么这种能让雄猴子发疯的基因变异可以遗传下来而没有被自然选择剔除,因为其在雌猴子身上获得了正面收益,这就是进化上的"平均效应"。但是,发疯的猴子会跳出高墙,远离原生族群,这本身却是一种种群扩大的"基因动力"。斯蒂芬·索米继续研究发现,中国的恒河猴比印度的恒河猴更加疯狂。他的推论是，翻开地理图册看看，能翻越像天墙一般的喜马拉雅山脉而进入中国的恒河猴，一定是所有疯猴子中最疯狂的那一群。

也许，一开始离开"富饶"的非洲而出走的人类，也是"最疯狂的那一群"。虽然，假如你坐上时光穿梭机，回到人类走出非洲的现场，可能会认为出走是极不明智的。

首先，古人类的身体完美地适应了非洲草原的自然环境，比如黑色素含量既可以阻挡紫外线伤害，又不至于严重干扰维生素 D 合成。对于今天北欧的白种人群，缺乏维生素 D 是一大问题。2017 年的一项研究发现，芬兰男性群体广泛存在的头痛与缺乏维生素 D 相关，调查中近 70% 的男性每毫升血液中的维生素 D 含量少于 20 纳克，这是维生素 D 缺乏症的临界值。进一步研究发现，那些报告每周至少头痛 1 次的人每毫升血液中的维生素 D 含量平均只有 15.3 纳克，无频繁头痛的中老年男性每毫升血液中的维生素 D 含量平均为 17.6 纳克。科学考古表明，非洲以外的自然环境给出走的人类带来了麻烦，人类直到 10 万~21 万年前才进入寒冷的高纬度地带。有人认为，尼安德特人一直到灭绝可能都没有掌握生火的办法，当他们的火堆熄灭时，可能数千年都没有再重新点起。这是有可能的，因为尼安德特人的总数有限（1 万多人），他们分布在从欧洲到中亚的广阔范围内。

其次，非洲的狩猎-采集生活劳动强度更低。以哈扎人为例，他们每天平均的工作时间只有几个小时；亚马孙丛林的雅诺马马人也是如此，他们一天中的大部分时间都在休憩，因为产量充足的大蕉有的是。2019 年，一个国际研究团队统计了菲律宾北部一个狩猎-采集部落成员的工作时长。结果发现，当他们进入农耕生活，即种植水稻以后，每周工作时间平均增加了 10 个小时。由于男人主要负责狩猎，他们的工作时长无显著变化，但女人开始下田耕作，她们的工作时长显著增加。明白这一点，大概能理解为什么说农业文明的扩张速度没有想象得那么快。从 11 000 年前中亚农业社会出现，一直到第二次世界大战前后，地球上存在着大量仍然过着狩猎-采集生活的原始部落。他们没有选择农业的重要原因之一就是，"大蕉有的是"。再换一个角度看，狩猎-采集部落的人口数量一般很有限。一方面，他们几乎没有像样的医疗条件，也并没有像乐观的人类学家评估的那样，对他们周围的植物了如指掌。事实上，雅诺马马人对什么植物含有药用成分，什么植物含有有毒生物碱的认知，可能还赶不上一个药学专业的大一新生，这就导致他们的平均寿命很低（虽然进一步统计表明，农业社会早期的平均寿命反而下降了）。另一方面，战争与暴力行为在狩猎-采集部落并不罕见，而且手段残忍，如杀婴很可能起源于更早的灵长目祖先。

2018 年，一个研究团队对非洲乌干达一个黑猩猩部落的追踪调查表明，这个种群中位数只有 60 的黑猩猩群体，在过去的 24 年间发

生了 33 起杀婴事件，有 30 起成功。一般雄性黑猩猩为了促使雌性黑
猩猩再次进入发情期，会杀死 1 周龄以内的幼崽。在极端案例中，高
等级雌性黑猩猩也会为了争夺食物而杀死其他雌性黑猩猩的幼崽。
在此之后的另一项研究表明，低等级雌性黑猩猩因此推迟 3 年才生育
第 1 胎，而高等级雌性黑猩猩的后代在 12 岁便迎来第 1 胎，因为它们
享受到的资源与保护更多。人类早期社会也如此，杀婴与自我阉割
广泛存在。贾雷德·戴蒙德举过一个例子，新西兰南部岛屿的一个
原始部落为了不使总人口超过岛屿生态系统所能承载的 2 000 人而
自觉地阉割男婴。人类学跨文化研究表明，杀婴是一种普遍的应对
生存资源有限的"平衡策略"。对这些做存量博弈（stock game）的族
群来说，出路不在当地，而在向外迁徙。特别是当平衡策略失效时，向
外迁徙几乎是唯一的出路。

* * *

我们认为人类目前有两大威胁，会使得平衡策略失效。

一是核武器被发明之后，资源匮乏下的冲突会更严重，以至于有
毁灭地球的风险。"我不知道第三次世界大战将要使用的武器，但是
第四次世界大战将会用木棍和石头开战"，这是爱因斯坦发表于 1947
年的名言。二是人类实际上居住在"地球岛"上，而且这个岛是流动
的，正在滑向不能提供稳定自然环境的边缘。气候剧烈变化是其次，
最重要的是地球正在慢慢靠近太阳系中心，从而滑出"最适宜行星

带"。加拿大麦克马斯特大学的天体生物学者勒内·艾莱尔称,最新的计算显示,今天的地球并不在太阳系"宜居带"的最中心,而是靠近内边缘,接近过热区。在5亿年之内,太阳的光度将增加到一定程度,使地球的气候变得极度炎热,从而威胁到复杂多细胞生物的生存。大约17.5亿年后,光度稳定增加的太阳将令地球继续升温,海洋开始蒸发,那些在陆地上苟延残喘的简单生物也将灭绝。事实上,现在的地球已经过了它的宜居黄金时代,生物圈早晚会面临曲终人散的终局。

看过《异形》系列电影的人,大概能想象在飞出地球的过程中,人类最大的伙伴很可能是AI机器人。届时,它将拥有类似于人类皮肤的、有触觉的机器皮肤,它的手不但灵巧而且有温度,更重要的是它的硅基大脑可以与人类的碳基大脑连通甚至沟通。21世纪早期,实际由机器智能驾驶的汽车奔跑在公路上,到了2045年,AI机器人很可能会接管大部分人类的工作。2014年的一份研究报告指出,美国劳动力正在经历一场悄然发生的"去技能化"变化。约翰·马尔可夫(John Markoff)担心,不但具有较高职业技能的工人倾向于把具有较低技能的工人排挤出工作岗位,具有更高职业技能的AI"工人机器人"同样会把前一类工人排挤出工作岗位。届时,学会与"机器人"相处将是许多人类面临的实际问题。第一批走出非洲的人类或许还愿意与同胞同行,但经历过农业文明的现代人再次迁徙时,可能更愿意带上已经驯化得比较温顺的灰狼，其距离我们所熟悉的狗只有"数代"的"演化时间"。

　　未来，人类飞向月球或火星基地时，带上的很可能就是今天仍在"驯化"中的 AI 机器人"大卫"。届时，NASA 等机构不但要发布最新款的宇航服，还要向地球的居民介绍新"朋友"。在自然演化与文化演化都不足以让人类快速适应月球或火星环境的情况下，与 AI 机器人的物理或有机结合才能让人类停留的时间真正延长。在无垠的宇宙中，不再有可供人类与之混血来获取适应性基因的"火星人"，人类要靠技术演化、主动进化，去做第一波"宇宙公民"。

　　至此，本书讲述的一个宏大的故事就来到了尾声。我们希望讲给您听的，首先是人类如何演化而来的故事，这个故事正如查尔斯·达尔文所说，是"极其壮丽的"，其蕴藏的演化思想不但已经在分子生物学、神经生物学、植物生理学、动物发育学等分支学科中得到了极大的发展和运用，而且在经济学、心理学、管理学等其他学科中也得到了推广。然而，我们很快不得不提请大家注意到自然进化或演化的迟滞性以及局限性，同时注意到伴随文化演化而发生的主动进化的客观性。我们应该打开想象力，利用自然演化而来的大脑去思考超越自然演化的伟业。这份伟业是有可能成功的，强人工智能技术的发展将使我们有可能解析大脑的神经算法，从而复制、超越它。同时，离开地球去往太空站、月球、火星或其他星球拓荒、开矿、定居的使命,又将使我们面对一个与地球表面环境具有显著差异的崭新环境。届时,我们完全有可能通过人机结合或部分人机结合的路径实现定居外星球的梦想。这些,就是全书想要跟读者分享的主要内容。面对星辰大海,我们一起开动脑筋,把握人类科学发展的前沿,但是比前沿再往前多走两三步,以科学的想象填补其中的空白。

# 参考资料

**引子　人类会迎来一场终极进化吗？**

1. 大卫·赖克,《人类起源的故事》,浙江人民出版社,2019.

2. 理查德·道金斯,《盲眼钟表匠：生命自然选择的秘密》,中信出版集团,2016.

3. Michael T. Heneka et al, NLRP3 is activated in Alzheimer's disease and contributes to pathology in APP/PS1 mice, *Nature*, 2012.

4. Michael C. Singer and Camille Parmesan, Lethal trap created by adaptive evolutionary response to an exotic resource, *Nature*, 2018.

**第1章　人类的进化是否正在加速？**

1. 伊恩·莫里斯,《人类的演变：采集者、农夫和大工业时代》,中信出版集团,2016.

2. 杨心舟,意外！杀病菌、灭肿瘤的免疫细胞,竟是大脑功能退化的元凶,环球科学,2019.

3. 戴维·巴斯,《进化心理学》(第4版),商务印书馆,2015.

4. 贾雷德·戴蒙德,《钢铁、枪炮与病菌》,译文出版社,2016.

5. Sung-Jun Park et al, DNA－PK Promotes the Mitochondrial, Metabolic, and Physical Decline that Occurs During Aging, *Cell Metabolism*, 2017.

6. Kevin N. Laland, Gene-Culture Co-evolution, Darwin's Unfinished Symphony, 2018.

## 第2章　从跨物种合作到人机结合

1. Atsushi Tero et al, Rules for biologically inspired adaptive network design, *Science*, 2010.

2. Beatriz Orosa-Puente et al, Root branching toward water involves posttranslational modification of transcription factor ARF7, *Science*, 2018.

3. Katia Moskvitch, Slime Molds Remember, but do they learn? Quantamagazine, 2018.

4. 罗伯特·阿克塞尔罗德,《合作的进化(修订版)》,上海人民出版社,2016.

## 第3章　长寿、长寿,一种非典型解决方案

1. E Barbi et al, The plateau of human mortality：demography of

longevity pioneers, *Science*, 2018.

2. Kyle J. Foreman et al, Forecasting life expectancy, years off life lost, and all-cause and cause-specific mortality for 250 causes of death: reference and alternative scenarios for 2016 – 40 for 195 countries and territories, *The Lancet*, 2018.

3. Sadiya S. Khan1 et al, A null mutation in SERPINE1 protects against biological aging in humans, *Science Advances*, 2017.

4. 格雷戈里·科克伦,《一万年的爆发:文明如何加速人类进化》,中信出版集团,2017.

## 第4章　人机结合未来图景

1. 托马斯·达文波特,《人机共生:谁是不会被机器替代的人》,浙江人民出版社,2018.

2. 乔治·扎卡达基斯,《人类的终极命运:从旧石器时代到人工智能的未来》,中信出版集团,2017.

3. Rolando Rodríguez-Muñoz et al, Testing the effect of early-life reproductive effort on age-related decline in a wild insect, *Evolution*, 2018.

## 第5章　人工智能历史回顾

1. Robert M Seyfarth et al, Primate social cognition and the origins of language, *Trends cogn. Sci.*, 2005.

2. 吴文,从动物语言到人类语言的进化研究综述,浙江外国语学院学报,2012.

3. 尼克,《人工智能简史》,人民邮电出版社,2017.

4. 乔治·扎卡达基斯,《人类的终极命运:从旧石器时代到人工智能的未来》,中信出版集团,2017.

## 第6章　诱人的任务:神经解码

1. 詹姆斯·乔治·弗雷泽,《金枝》,陕西师范大学出版社,2010.

2. 韦姿柔等,深部脑刺激治疗精神活性物质所致成瘾研究进展,中华精神科杂志,2020.

3. 张峰等,丘脑底核脑深部电刺激术的电极激活触点位置与帕金森运动症状疗效的关系,中华神经外科杂志,2020.

4. Brain-machine interface: closer to therapeutic reality? The Lancet, 2012.

5. 大卫·林登,《触感引擎:手如何连接我们的心和脑》,浙江人民出版社,2018.

## 第 7 章　供养一颗人类大脑

1. 杨桃等,类器官的研究进展,中国细胞生物学学报,2019.

2. Bilal Cakir et al, Engineering of human brain organoids with a functional vascular-like system, *Nature Methods*, 2019.

3. 吕克·费里,《超人类革命》,湖南科学技术出版社,2017.

4. 王强,基于肉类原料的 3D 打印技术研究进展,食品科学,2022.

## 第 8 章　微循环系统的从头设计

1. 罗月等,2010—2019 年内江市食品中食源性致病菌监测情况分析,预防医学情报杂志,2021.

2. 黄绪镇等,非 O1 族霍乱弧菌的研究进展,中华预防医学杂志,2020.

3. 威廉·H. 麦克尼尔,《瘟疫与人》,中信出版集团,2018.

4. 张倩倩等,血脑屏障破坏与阿尔茨海默病的机制研究,中华神经科杂志,2021.

## 第 9 章　物质束缚解除后的新生活

1. 穆朝庆,宋代官营盐业生产中的盐户简论,中原文化研究,2014.

2. 梁庚尧,《南宋盐榷》,东方出版中心,2017.

3. 伊恩·莫里斯,《人类的演变:采集者、农夫和大工业时代》,中信出版社,2016.

4. 湖南省文物考古研究所,安乡汤家岗:新石器时代遗址发掘报告,2013.

## 第 10 章　革命,向着传输思想进发

1. 证古泽今:甲骨文文化展,中国国家博物馆,2019.

2. 托马斯·萨顿多夫,《鸿沟》,上海文艺出版社,2018.

3. Philip Hunter, The riddle of speech: After FOXP2 dominated research on the origins of speech, other candidate genes have recently emerged, EMBO Reports, 2019.

4. 卡尔·齐默,《演化的故事:40 亿年生命之旅》,上海人民出版社,2018.

## 第 11 章　眼睛一眨,升级为"学霸"

1. 汪靖,从人类偏见到算法偏见:偏见是否可以被消除,探索与争鸣,2021.

2. 黎穗卿等,人际互动中社会学习的计算神经机制,心理科学进展,2021.

3. 伊芙·赫洛尔德,《超越人类》,北京联合出版社,2018.

4. Sam C Berens et al, Cross-situational learning is supported by propose but verify hypothesis testing, *Current Biology*, 2018.

## 第 12 章　星辰大海：未来已经到来

1. 北京航天飞行控制中心,《月背征途：中国探月国家队记录人类首次登陆月球背面全过程》,北京科学技术出版社,2020.

2. Emilia Huerta-Sánchez et al, Altitude adaptation in Tibetans caused by introgression of Denisovan-like DNA, *Nature*, 2014.

3. 理查德·道金斯,《祖先的故事》,中信出版集团,2019.

4. 大卫·赖克,《人类起源的故事》,浙江人民出版社,2019.

# 后 记

　　我们认为,有必要在后记中多说几句。本书并不是一本"未来生活"的详细目录。那样写的书是有的,但我们认为比较冒险,而且效用不大。我曾购买了一本厚达 500 多页的谈论未来机器人如何跟人类恋爱、结婚,然后取得合法身份,乃至详细讨论机器人伴侣在民法中的法律地位的书。我认为,这本书的作者的想象力比不上科学共同体的想象力,后者会快速带我们进入一个全新的世界。正因为如此,我们更愿意做一个"思想实验",把人机结合以及协同演化的概念传递给更多的人。以此为视角,我们相信可以把当下科技的进步看得更清楚。有的新闻在制造噱头,有的新闻才是真正值得一路追踪下去的进展。

　　值得一提的是,本书在讲述自然演化与主动进化的过程中,分享了许多科学史的故事,引介了大量已经在权威科学期刊上发表的论文。然而,科学的进展总是很快的,这就让我们的故事有的经典有余,却不够前沿。比如,就在全书已经收尾的时候,一位浙江大学毕业的脑科学博士,给我发来了他们课题组刚刚发表在权威神经生物学期刊《神经元》(*Neuron*)上的论文。他们发现了控制暴力情绪和攻击性行为的"开关"脑区,即杏仁核的后延伸区域——后侧无名质(pSI)。这真的是太有意思了,"无名火起"的开关,原来就位于后侧无名质。他们利用光遗传学的手段,激活该脑区的特定细胞,然后让小鼠立即从平静的状态,切换到暴怒的状态;反之亦然。最有价值的部分就在这里——"反之亦然"。从他向我发私信介绍这项工作,到我看到正式发表的论文,然后立即在社交媒体上写了一条分享的科普博文,已经过去了九个多月。可见,我们纵然"今天"聊得很开心,以为聊到了毛发的尖尖处,但等到"明天",可能又有新的故事让我们耳目一新。所以,我们很期待您在阅读本书之后,想到了新的故事,或者有了更有意思的遐想,也欢迎您通过各种渠道提出来。我们会仔细地搜集这些富贵意见,同时还会继续跟进科学上的进展,以待本书修订下一个版次的时候再加进来。我们希望这本书可以成为一个平台,让我们登高凭栏,看见满天星斗!

韩 非